前　言

　　手绘一直伴随我的生活，对我非常重要。在手绘教学的领域已经有十年的经验，我了解学生们的学习需求和他们想要达到的理想状态，也十分了解他们现阶段存在的问题有什么。所以，我经常带着学生们一起绘画，一起琢磨每一步应该怎样去做。因为这样才能让学生们觉得我和他们靠得很近。我走到哪里都会随身带一个速写本，边走边画，时刻记录着身边美好的东西。这种体验是非常有价值的。"记录"就是一种生活体验，它无关技法的好坏，无关画得是否真实，只是让你抓住你的灵感瞬间。

　　当你长时间以这样的方式去记录生活时，就会发现，一切都变了。你对生活有了更深刻的体会，你的技法也会随之提高。五年前我就这么做了，也正因如此，我在去大学和机构讲座时，会把这种绘画方式讲给学生们听，告诉他们这样做的好处。现在也有很多我的学生和社会上的兴趣爱好者，在用同样的方式记录生活，并通过这种方式提高了绘画技能。

　　本书是我多年来写生与教学经验的总结，融合了马克笔创作、建筑速写及实景照片等"多元"表达手法，以新颖的视角对当下城市特色建筑加以多维的艺术表现与阐释。

　　用绘画把你的想法变成现实吧！你可以在你的速写本里肆无忌惮地记录与涂鸦，因为它只属于你的私人空间，它必将留住一生！

编　者

目 录

城市之旅

——钢笔+马克笔

表现技法教程

李磊 等 编著

泰行

机械工业出版社
CHINA MACHINE PRESS

本书是一本关于"钢笔+马克笔"手绘创作知识的教程，第一章讲解线条的运用方法，第二章讲解色彩的运用，第三章重点阐述透视理论，第四章讲解构图方式，第五章讨论比例关系，第六章研究画面关系。同时，本书用分散在各章的19个课后练习，系统讲解了相关知识和技法的运用。本书适用于美术、建筑学、相关设计专业的师生、建筑绘画爱好者及旅游爱好者。

图书在版编目（CIP）数据

城市之旅：钢笔＋马克笔表现技法教程/李磊等编著 .
—北京：机械工业出版社，2019.5
ISBN 978-7-111-64082-0

Ⅰ. ①城… Ⅱ. ①李… Ⅲ. ①建筑画—绘画技法
Ⅳ. ① TU204.11

中国版本图书馆 CIP 数据核字（2019）第 233147 号

机械工业出版社（北京市百万庄大街 22 号邮政编码 100037）
策划编辑：刘志刚　　责任编辑：刘志刚
责任校对：孙成毅　　封面设计：张　静
责任印制：李　昂
北京瑞禾彩色印刷有限公司印刷
2020 年 1 月第 1 版第 1 次印刷
184mm×260mm·11 印张·270 千字
标准书号：ISBN 978-7-111-64082-0
定价：69.00 元

电话服务　　　　　　　　网络服务
客服电话：010-88361066　机　工　官　网：www.cmpbook.com
　　　　　010-88379833　机　工　官　博：weibo.com/cmp1952
　　　　　010-68326294　金　书　网：www.golden-book.com
封底无防伪标均为盗版　　机工教育服务网：www.cmpedu.com

开场白

手绘一直伴随着我的生活，它对我非常重要

一、我的常用绘画装备

下面介绍我常用的绘画工具。

英雄382美工钢笔
这是我画钢笔画最主要的利器。线条可粗可细，可以线面结合，效果非常丰富。

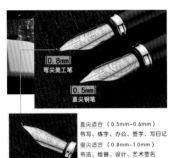  

英雄234碳素墨水笔 英雄美工钢笔墨水

凌美钢笔
画出的线条很纤细，出水顺畅，通常在刻画细节的时候使用，还可以配合凌美的钢笔墨水作画。

钢笔 钢笔墨水

白雪针管型走珠笔/大白鲨中性笔
适合表现设计草图，用来写生也十分方便。

 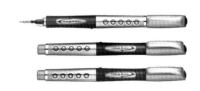

白雪针管型走珠笔 大白鲨中性笔

樱花针管笔/三菱针管笔

在画设计快速表达图的时候常用，出水顺畅，有不同粗细的型号可以选择，配合马克笔也十分方便，不会因为马克笔酒精覆盖而晕染开。

樱花针管笔

三菱针管笔

辉柏嘉水溶彩色铅笔

彩色铅笔我是用来搭配马克笔使用的，外出写生时马克笔的颜色可能带不全，这时我就会用彩色铅笔来弥补，同时它还可以刻画一些肌理效果。彩色铅笔分油性和水溶性两类，如果是和马克笔配合，一定要记得选择水溶性的。

辉柏嘉水溶彩色铅笔

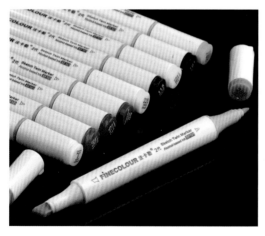

法卡勒酒精马克笔

法卡勒酒精马克笔

颜色很沉稳，尤其灰色系列很正统，过渡色也多。在画面上笔触衔接也是相当自然，适合画设计图，也适合用来写生。

专业绘图马克笔/色素马克笔

色彩比设计草图类马克笔多了很多高级灰之类的颜色，可以进行更好的颜色过渡，它的最大优点就是，颜色可以经久不褪色。

色素马克笔

专业绘图马克笔

纸张/速写本

马克笔绘画对于纸张的要求不是很高，可以画在复印纸上，也可以画在素描纸、水彩纸、卡纸上等。只要是吸水性好的纸张，都可以胜任。至于出现的效果哪种适合你，就要请你亲自体会啦。

风格素描本

素描本

水彩本

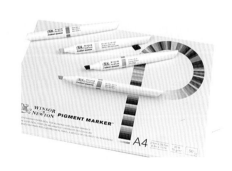

色素马克笔纸本

二、你的情感胜过你的技术

在起初绘画的时候，人人都会讲究技术，如果技术不过关，就不要提你画的是一幅作品了。但是，真的是这样吗？

如果你让一个小孩子在画纸上进行涂鸦，你期望是一幅达·芬奇、丢勒般技术的素描？你期望是一幅莫奈、梵高般技术的色彩？这显然是天方夜谭。但是小孩子的画为什么会特别打动人？因为他们童真的想法，因为他们就是在画自己眼中的世界。这，就是感觉！

你如何观察和感受事物会影响它们呈现在你画中的状态。绘画不仅能完成简单的内容，也能突出作者的观察重点，加深包含在其中的个人情感。而这个情感，可以说是相当重要的。情感决定你的技巧，如果没有情感，千人所画千篇一律。所以，一定要跟着自己的感觉去画，缺乏个人情感的创作对于艺术家来说是致命的。一幅作品被赋予的个人情感越浓烈，它的艺术感染力才会越强。

三、关于写生

很多人都怕写生，一是怕围观，二是觉得它不是起步阶段应该做的。实际上这种想法是错的，写生可以帮助你记录素材，练就画者丰富的空间想象能力，组织画面的能力，提高创作思维能力、形象记忆和概括表达能力。更重要的是，它可以直接培养你的作画感受，让你直接面对大自然。仅这一点，就是临摹画作和照片远远做不到的。我前面也说了，你的情感要胜过你的技术，你的技术会随着情感的变化而变化。

也许很多人会觉得自己的技术还没有达到可以写生的程度，想先坐在家里练成好的"武功"再去"行走江湖"。但是你忽略了一点，坐在家里是无法培养感觉的，仅关注技法而不能和感受结合起来的话，绘画则会显得僵硬、呆板，画作就不会有感染力。所以我的建议是，大胆走出家门画画去吧，画画就应该"胆大包天"！

写生瞬间

实景照片

四、绘画不同于照相

　　"记录真实"留给相机，"玩弄趣味"留给绘画。

　　和照片不同，绘画并不需要表达出所有的细节。按下相机快门，镜头前的一切都会被定格，照片中的前景、中景和远景，任何一处细节都会被体现得清清楚楚（如果不考虑光圈什么的话……）。相对来说，一幅画就简单多了。你可以自由决定画面的重点，省略对于你来说不重要的部分，而这也恰恰体现了绘画的强大叙述力：在你觉得重要的地方，线条会自然而然变得厚重、丰富；而一些不重要的地方就会直接从画面中被删除。它的趣味性远远比照相来得更有趣味。

水彩，2018年

苏州博物馆——效果图快速表现风格（钢笔+马克笔）

上海豫园——速写风格（钢笔+马克笔）

五、关于风格

　　其实对于风格来说，没有什么可以定义的，因为每个人都有自己的风格。也许在绘画初期，你还没有挖掘出自己的潜力，但是随着个人技术的提高和感受的增加，属于自己的风格会逐渐形成。重要的是，风格的形成不是刻意追求来的，而是通过自己的摸索自然而然形成的。就像我本人，在起初阶段，我的风格是严谨的学院派，因为那个时候更偏重于技术，过了一两年，写生的实践多了起来，感受也多了起来，画风就会变得更感性了，用色也更大胆了，这时就有点接近于印象派的那种技法风格。再后来又看到很多好的作品，有了更深入的理解后，画风又不一样了。所以，我认为千万不要给自己的风格过早下定义，它会随着年龄增长、画龄的增加，潜移默化地改变。你要做的就是在你的每个阶段，画好自己的作品就可以了！

写实风格（马克笔）

第一章

线条原来可以这么玩

课前答疑

1 老师，我是零基础，画建筑画应该怎样入门？

如果你以前从未接触过建筑绘画，建议先从临摹起步，掌握优秀作品中的用笔用线、明暗规律、色彩应用等技巧。然后临摹与写生紧密配合训练，注意所画的题材尽可能相同。

2 建筑速写和设计草图有什么区别？

实际上速写也就相当于草图。古典绘画大师在创作前都会画很多素描稿作为构思草图，而这些草图就等于是速写。"速写"这个词其实是中国的一个原创词而"草图"这个词在现在则大多被用于设计行业里。

如果我们按照现在的时代来对比速写和草图的话，那么速写就是在指短期素描了，它相对于草图来说画得更有艺术性。草图则运用在设计构思中并体现空间感，其包含结构造型的概念相对多些。实际上这两者之间区别并不大。

3 "多画、常画"是画好的最佳方法吗？

这么说是对的，但也不全对。如果只是一味地"傻画"，必定"事倍功半"。绘画虽然是用手上功夫来体现，但是也必须建立在正确理解画面知识的基础上。除了"多画、常画"以外，还要理解和懂得什么是"好的作品"，多向名家学习，画得会越来越好。如果走上了"假大空、油滑帅"的路，那你就被"套路"了。

4 老师，我线条总画不直，太过小心画总觉得好丑，放开了画就很弯，这个怎么办？

你所理解的"直"，是尺规般的笔直。我在教学中，没有一次要求学生的线条要画得笔直。我理解的"直"，是"小曲大直"，毕竟你的手不是机器。试想，如果你的画面全部都是尺规般的线条，那不得呆板死。我们画建筑要求的是灵活、洒脱，在大形体不出错的情况下还要追求艺术性，只有小曲大直的线条才能体现这种效果，所以没必要追求笔直。（图1-1~图1-4）

5 老师，钢笔线条和铅笔线条的区别是什么？我以前用铅笔画过素描，感觉钢笔和铅笔画出来的线条很不一样？

众所周知，铅笔因为有很多型号，能画出来不同深浅和软硬的线条。铅笔可以中锋运线，也可以侧锋运线；钢笔只可以中锋运线，侧锋运线的话就会断墨。所以铅笔画的线条非常丰富，"调子"细腻；钢笔则需要通过排线表达块面，钢笔的调子需要通过线条间距的大小画出深浅变化，而力度都是平均的。（图1-5）

6 马克笔要选择多少种颜色合适？我买了很多颜色，但感觉一画画就总觉得颜色不够用，找不到精确的颜色，请老师解惑。

马克笔种类非常多，品牌也多，建议大家在初学阶段先选择一个品牌使用，先了解马克笔的"习性"、特点及色彩，然后再对比其他品牌的马克笔进行颜色补充，千万不要一开始就买得很杂，这样还没开始画，就先自乱阵脚。现在网店（或实体店）里都有套装，在选购的时候先对照色卡进行选择，注意：灰色系可以多买些，因为它们属于主色系，任何题材都离不开灰色，至于其他色彩，可以选套装或根据需求挑选。

马克笔的调色是个局限，在绘制时难免会有缺色的情况发生，这时可以结合彩色铅笔或者水彩颜料进行配合使用，在一定程度上会弥补缺色的问题。另外，要"画得巧妙"，在缺色的情况下可以找出邻近色进行代替，有时进行局部上色也能达到理想的画面效果，关键要学会变通。

7 老师，马克笔的笔触应该怎样掌握？平时应该如何练习？

其实马克笔的笔触和钢笔线条大同小异，运笔的方法也一样，像钢笔那样练习就可以了。多练习排线、体块的线条组合。可以先练习单色排线，然后再练习多色排线，从中找到规律，达到灵活运用。（图1-8）

图1-1 线条示意图（一）

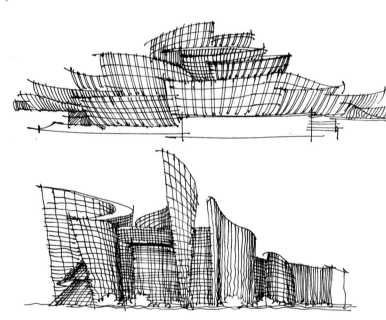

图1-2 线条示意图（二）

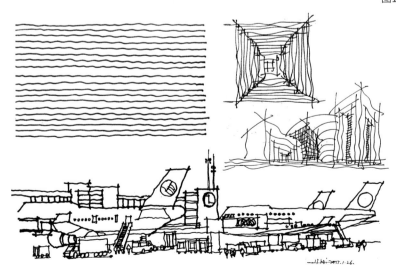

图1-3 线条示意图（三）

图1-4　线条示意图（四）

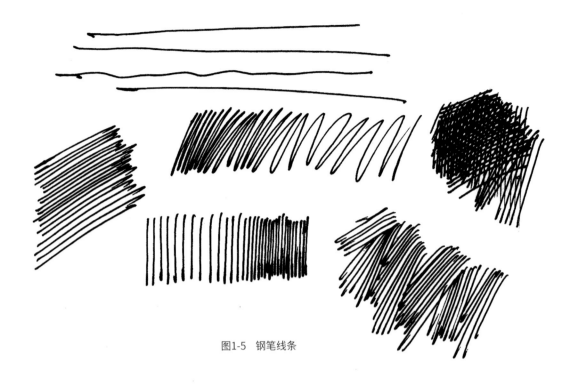

图1-5　钢笔线条

铅笔线条可硬可软，力度轻可以画出虚线，力度重可以画出实线。铅笔还容易画出过渡自然的渐变效果，初学者容易上手。（图1-6）

图1-6　铅笔线条

钢笔线条不能在一根线上体现出虚实变化，它的明暗渐变效果需要通过线条的疏密变化来体现。（图1-7）

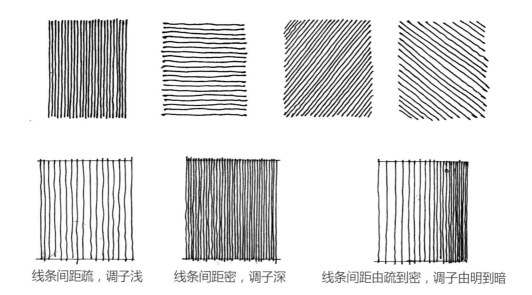

线条间距疏，调子浅　　　线条间距密，调子深　　　线条间距由疏到密，调子由明到暗

图1-7　线条的疏密变化

图1-8　排线

一、专业的钢笔线条是怎样的颜值？

"线条的风格多种多样，画的时候不要想太多，顺着自己的意愿去画是最好的。"这句话看似说得很不负责任，但实际上确是真理。每一位画家都有代表各自风格的"天然线条"，这是他们天生的笔法特征。所以要接受自己的这种"纯粹"，不要刻意去改变，去模仿别人。绘画的技巧和窍门是可以教会的，但是自己的线条和感觉，是独一无二的。随着时间的推移，你会慢慢意识到，自己的线条和画风有它无可取代的动人之处。因此，接受自己真实的线条风格，才会越画越好！（图1-9~图1-14）

图1-9 钢笔画，2018年

这幅青岛的教堂速写，采用0.5mm的中性笔。表现手法以线描为主，在刻画上着重建筑的结构及质感表现，把线条的"疏密关系""小曲大直"的特点体现得恰到好处。

图1-10 作者：卢立保（钢笔画，2014年）

作者采用了明暗的手法来表达江南水乡的场景。在这幅作品中，可以明显体现出画面的黑白灰关系，钢笔线条变化丰富、疏密得当。我们之前说过，钢笔线条自身没有深浅变化，但是组合起来通过疏密结合则可以表现出来变化，此幅作品说明了这个问题。

图1-11 作者：史志方（钢笔画，2018年）

　　此幅作品采用了较为夸张的线条表现手法，力求突破传统钢笔画的表达思路，线条粗细变化明显，奔放洒脱，极具张力。好像在向我们说明一个问题：画画是随心所欲的，线随形走，形随心走。

图1-12 钢笔画，2018年

　　这幅作品用了0.3mm的针管笔绘制，线条较纤细，但是表现力也很强烈。用线面结合的方式刻画山体的质感，线条的方向根据山形的走向排列，巧妙地表达出了山体的质感。天空中的云朵用随性的弧线刻画出轮廓，然后用短横线排列表达天空，通过线的疏密及留白体现其质感。整体来看，这幅作品属于外松内紧的风格，线条放松而形体严谨。

图1-13 钢笔画，2017年

　　这幅作品是表现黄昏下的外滩，因为当时还没有灯光照亮建筑物，因此看到的建筑形体是剪影状态，作者瞬间掏出速写本用快速奔放的线条体现这一场景效果。这幅画实际没有讲求过多的技法，线条也是随心所欲，当时想的是只要表现出来那种模糊的剪影状态就算成功，画完之后感觉效果还算可以。这里说明一点就是，线条的表现千万不要被局限，你的内心感受才是"王道"。

图1-14　作者：卢立保（钢笔画，2018年）

这幅作品采用竹筷蘸墨绘制，作者通过这些"含糊不清"的线条成功地表达了老房子的沧桑感和年代感。有时候，"成功的技法则是没有技法"，全凭你对表达对象的理解和感受，所以才会有那么多风格的线条出现。

线条没有固定的套路，即便是一根直线，也可以有不同画法，通常是以"小曲大直"的方法体现。在一幅作品里，我们可以将小曲大直进行灵活多变，多变的线条能够为你的作品增添趣味性和层次感。但是要记住，无论怎么变，你的下笔一定要肯定、果断，一根坚定的线条，即使画的时候位置有偏差，也要好过多根犹豫不决的线条。（图1-15、图1-16）

图1-15　"犹豫不决"的线条

如果你的线条犹豫不决，画得毛毛躁躁，那么形体也会受到影响，建筑结构会显得很松散。

图1-16　"一气呵成"的线条

肯定的线条一气呵成，运线中透露出自信。当你的线条表达出来肯定的气势，你所画造型也会随之变得严谨。

二、马克笔的线条技法

一支笔、多种线

马克笔的笔头形体呈梯形状且笔头很硬，原则上硬笔头画出来的线条会比较单一，但是只要充分利用好马克笔笔头的各个块面，还是可以画出不同粗细的线条。

下面我们来观察下马克笔的笔头形态。（图1-17）

橙色部分为笔头着纸位置。

图1-17 马克笔的笔头形态

宽头部位一般用来大面积着色。（图1-18）

图1-18 宽头部位

稍加提笔可以让线条变细。（图1-19）

图1-19 提笔变化

变换笔头方向，用顶端部位可以画出纤细的线条。（图1-20）

图1-20 顶端部位

小笔头可以画出较细的线条，适合处理画面细节部位。（图1-21、图1-22）

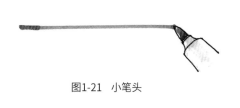

图1-21 小笔头

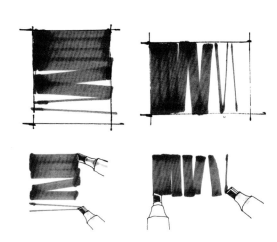

图1-22 笔触示意图

不同的笔头方向可以体现出不同粗细的笔触效果，在一个画面上组合起来可以产生丰富的线条变化。（图1-23、图1-24）

图1-23 马克笔的笔触（一）

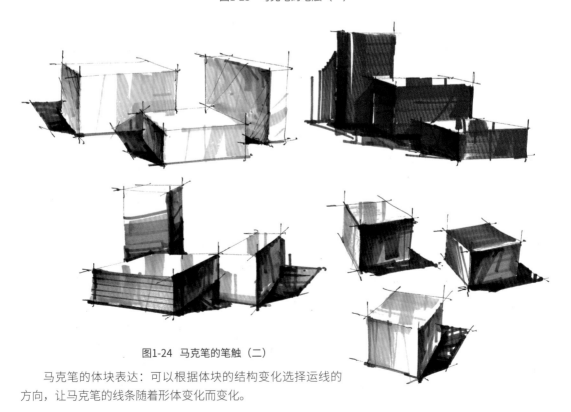

图1-24 马克笔的笔触（二）

马克笔的体块表达：可以根据体块的结构变化选择运线的方向，让马克笔的线条随着形体变化而变化。

三、马克笔的叠加技法

单色叠加法

笔触间的叠加是马克笔表达最基本的技法。利用同一支马克笔进行多层次叠加，可以表现出不同深浅变化的层次关系。通常来说，都是用浅色先打底，再一步步层叠加深。（图1-25~图1-28）

图1-25　第一遍浅色平涂　　　　图1-26　不同深色的逐层叠加形成　　图1-27　快速平涂法（从上至下，
　　　　　　　　　　　　　　　　　　　　　　明度变化　　　　　　　　　　　　　　　　从一遍到多遍快速重叠，
　　　刻意弱化明显的笔触）

图1-28　单色马克笔建筑空间示范

多色混合法

多色（两色或两色以上）相互重叠时，可以增加画面的层次感和色彩变化。但颜色种类也不宜选择过多，否则将导致颜色浑浊、色彩不清。（图1-29~图1-32）

选择相同色系但色相不同的颜色由浅入深地叠加，可以保证色彩的明度发生变化，同时，同色系的颜色叠加在一起会使色调统一，但又不失色彩的丰富性。

图1-29　同类色之间的渐变效果

这幅作品的色彩用得并不多，几乎都是同色系的马克笔色号颜色所画（建筑的黄色和天空的蓝色为主）。可以发现同色系的色彩叠加之后会使色彩有很强的统一性，细看的话颜色变化也很丰富。这种表达也是马克笔画的常见方式。（图1-30）

图1-30　多色混合法示范（一）

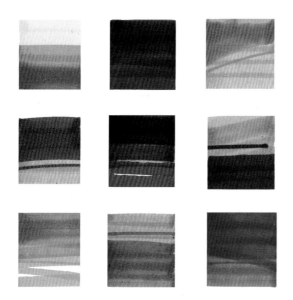

找出色相不同、明度相近的不同颜色，从最亮的颜色开始排笔，两色之间的过渡虽然不同，但也可以产生自然的明暗变化。（图1-31）

图1-31　不同色系的搭配尝试

　　这幅作品体现的是一个商业街建筑，建筑的"表皮"是玻璃材质，在周围环境影响下产生丰富的色彩变化。在绘制时力求采用明度大致相同、但不属于同一色系的色彩来表现，达到明度统一、色彩丰富的画面效果。（图1-32）

图1-32　多色混合法示范（二）

同色系渐变法

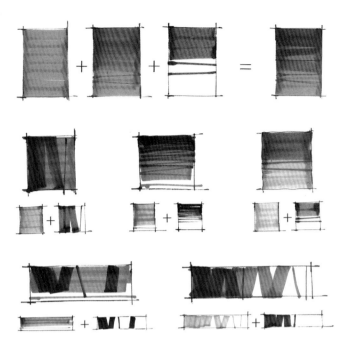

马克笔的颜色可分为多个色系，而每个色系都有渐变的颜色种类。有时为了所描绘的对象有更加丰富和细腻的层次，需要对物体的明暗进行渐变叠压。叠压时，在两色的交界处可交替重复描绘，已达到自然融合和过渡。（图1-33、图1-34）

图1-33　同色系渐变

这幅作品中的植物都是绿色，色系相同但色相有区别，用这样的方式画出渐变效果可以明确画面的明暗与冷暖色彩，颜色统一又不失丰富性。

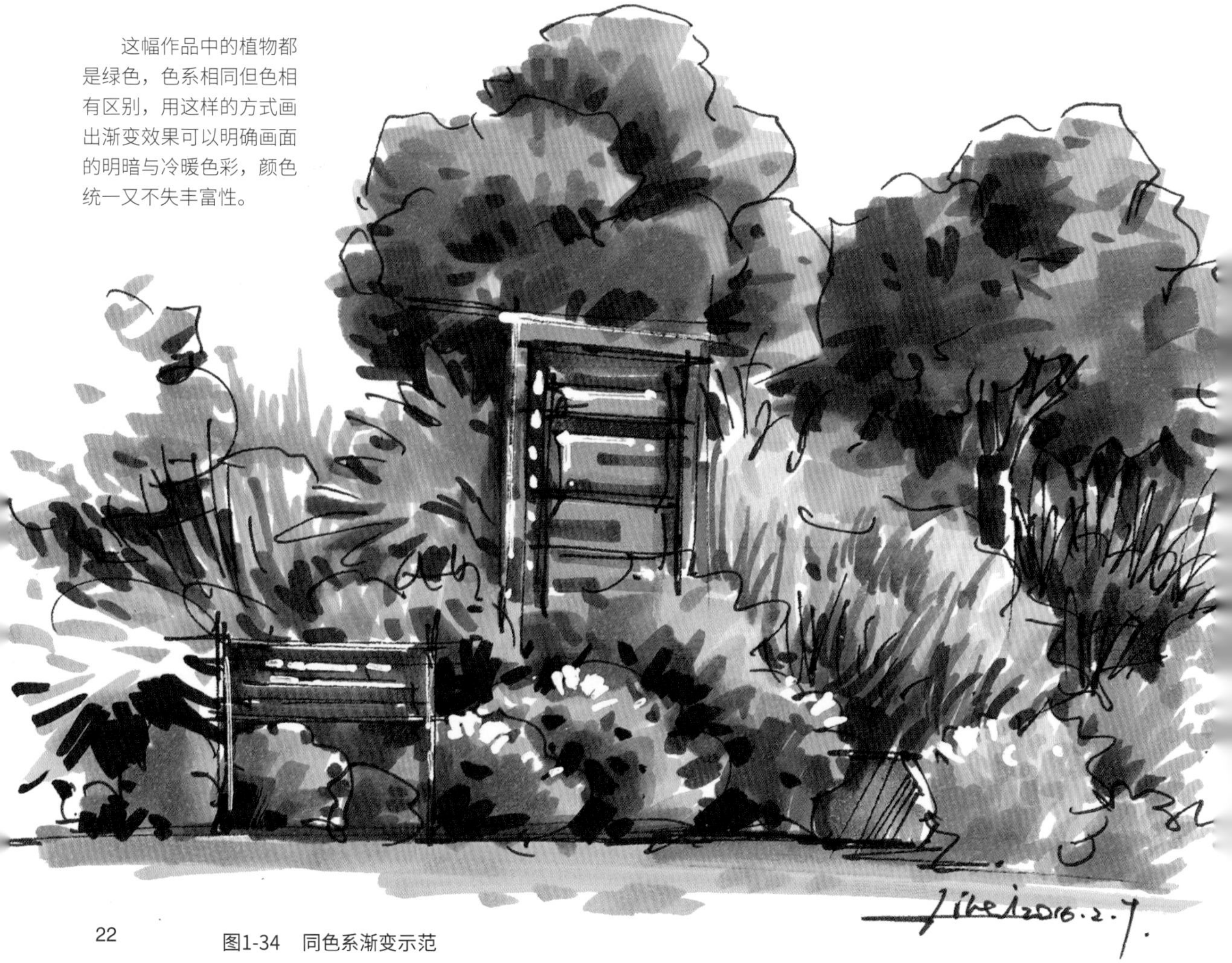

图1-34　同色系渐变示范

不同色系渐变法

在绘画过程中，我们也会遇到不同色系之间的叠加渐变。在着色之前，先选择出适当的色彩进行搭配，避免颜色之间的不协调。叠加时，笔触尽可能方向统一，速度稍快些，这样颜色之间的过渡也会相对自然。（图1-35~图1-37）

图1-35 不同色系渐变，色彩变化丰富

图1-37 颜色的自然过渡

颜色的自然过渡让叶子的色彩变化显得丰富多彩。

图1-36 笔触方向统一，渐变整体

降低纯度的方法

用灰色叠加纯色可以在一定程度上降低色彩的纯度，同时明度也会发生变化。要注意一点，灰色分为冷灰色和暖灰色。如果颜色是暖色时，则需要用暖灰色叠加；颜色是冷色时，则需要用冷灰色叠加，这样会达到色调上的统一。（图1-38、图1-39）

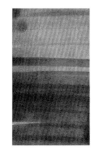

图1-38 降低纯度的方法（一）

以冷灰色覆盖群青色，其结果为加深群青色的明度，降低了群青色的纯度。

图1-39 降低纯度的方法（二）

以暖灰色覆盖大红色，其结果是加深了大红色的明度，降低了大红色的纯度。

四、马克笔也有"湿"画法

浅色叠深色

以浅色叠压深色可以起到"冲洗""减淡"深色的作用。马克笔因其颜色透明，一般只能遵循由浅色到深色的先后顺序铺色，用笔的次数和颜色叠加过多，就会导致画面变脏。但如果先涂深色，趁其未干，再以浅色去"冲洗"深色，所混合叠加的颜色变化就会微妙，甚至还会达到虚幻的效果。这种方法拓展了马克笔的表现力，增加了马克笔画的欣赏价值。（图1-40、图1-41）

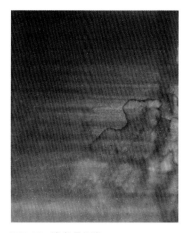

图1-40　浅色叠深色

上图上半部分为深色，下半部分用浅色覆盖深色之后，颜色变淡，酒精痕迹略明显，笔触柔和，类似于水彩的晕染效果。

图1-41　浅色叠深色示范　　画面中炉子上的蒸汽除了留白技巧，还使用了浅色叠加深色的方式表达，笔触显得很柔和。

利用酒精

酒精在这里会起到"特殊"的作用："渐变和晕染"。这种效果有些类似于水彩技法中的点水扩散。趁颜色未干时，用小喷壶喷上酒精，则可以让颜色扩散开，形成特殊的肌理效果。（图1-42、图1-43）

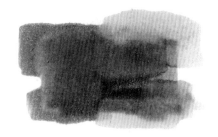
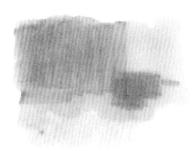

图1-42　马克笔湿画法的笔触效果

图1-43　宣纸+马克笔，2017年

利用酒精可以将颜色由深到浅做成渐变的效果，这点在画面中也会被经常使用。现在市面上有专门的酒精马克笔（也称作透明色马克笔），读者们可以自行选购并尝试效果。

课后练习之一：宏村南湖——钢笔线条表达空间

构图分析

如果按照照片不加改动的构图，则会出现如下问题：

水岸线在画面正中的位置，将湖水与建筑、天空等分排布。

建筑物是画面的主体，在画面所占面积容量不大，显得主次不分。

建筑的天际线略平，缺少节奏变化。（图1-44）

图1-44 照片场景与完成图

将水岸线往画面下方挪，让建筑物的面积增大。

在建筑物的房顶部分加些竹竿或者天线，远处的树加高一块，使天际线有节奏感。（图1-45）

图1-45　分析之后的画面草图

绘画步骤如下：

步骤一：先画出建筑中心部分的造型，注意植物和建筑的外轮廓。（图1-46）

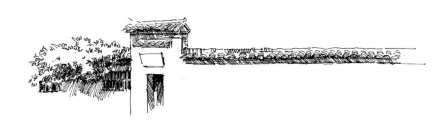

图1-46　步骤一

步骤二：继续刻画建筑形体，窗户和门洞的位置可以用斜插排线的方式加深，突出黑白效果。墙砖的部分要注意虚实变化，不能面面俱到。（图1-47）

图1-47　步骤二

步骤三：画出后面建筑的窗户和瓦片，注意用线面结合的方式表现。（图1-48）

图1-48　步骤三

步骤四：画出左半部分的建筑形体，这部分要注意相对简化些，和视觉中心位置形成虚实对比，多以线条为主表现。（图1-49）

图1-49　步骤四

步骤五：刻画远景的树木。树木多表现轮廓，用短弧线斜排的方式表现体块。（图1-50）

图1-50　步骤五

步骤六：刻画水面。水面是陪衬，因此不宜像照片那样画得那么丰富，只要表现出岸边的一些倒影就可以，线条以横排线为主。（图1-51）

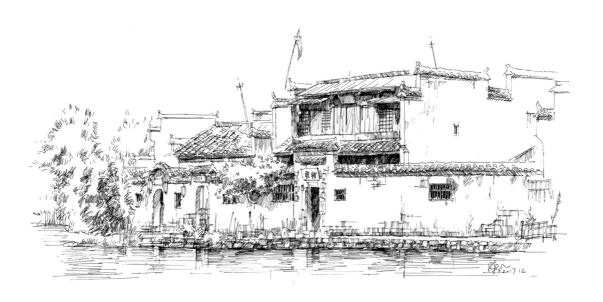

图1-51　步骤六　　　　　　　　完成图　作者：陈立飞（白雪针管走珠笔0.5型号、A3速写本，2017年）

　　这幅作品主要是用钢笔来绘制，这次的练习主要是为了让大家掌握好用线条塑造形体的技巧。钢笔线条表达形体主要通过准确起形、找准比例关系、控制好画面的黑白关系和线条的疏密关系来完成一幅好的作品。希望通过这幅作业的训练让大家熟悉钢笔线条的运用。

课后练习之二：苏州博物馆——单色马克笔的笔触训练

照片分析：

苏州博物馆是贝聿铭先生的代表作之一，建筑结构以其惯用的几何形态为基本元素，建筑结构简洁、朴实、整体，很适合设计专业的学生做绘画表达练习。这幅照片墙面整体，光影效果强烈，黑白灰关系明确，因此可以作为马克笔笔触的训练案例。（图1-52）

马克笔笔触是前期训练的重要组成部分之一，尤其是排线的训练，则是基本功，为了避免大家选色困难，故我们以单色的方式来进行训练。单色训练也就相当于素描的训练，注意强调好画面的黑白灰关系。

图1-52　照片场景与完成图

图1-53　黑白照片分析

把原照片变成黑白照片后我们不难发现，其黑白灰关系非常明确。从明到暗依次排列是：

建筑白墙（受光部分）；

平台的受光面；

建筑白墙（背光部分和阴影部分）；

水面；

树枝；

窗户。

那么按照上述排布顺序，开始表现这幅作品。（图1-53）

绘画步骤如下：

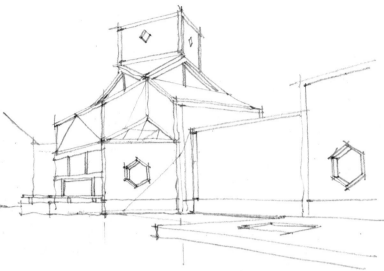

步骤一：首先用铅笔勾勒出场景物体的轮廓。（图1-54）

图1-54 步骤一

步骤二：最亮的部分（受光部）留白处理。选择暖灰色（TOUCH WG2），用较整的笔触先画灰面，笔触方向按照结构的块面走向排列。（图1-55）

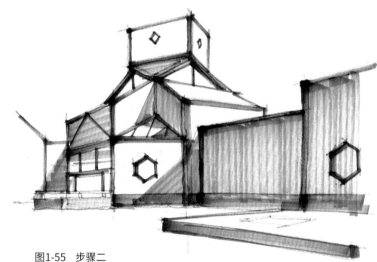

图1-55 步骤二

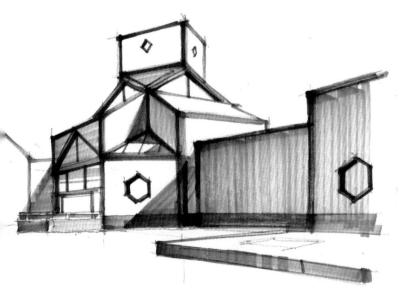

步骤三：用暖灰色（TOUCH WG3）在第二步基础上加深暗部的层次，笔触同样按照建筑块面走向运笔，保持笔触的一致性。与此同时，用深灰色（TOUCH WG6）将建筑结构的深色部分刻画出来。（图1-56）

图1-56 步骤三

步骤四：用深灰色（TOUCH
WG6和WG7）画出前景的树枝，
注意树的枝干走向，这时可以选
择细笔头刻画。用灰色（TOUCH
WG5）表现远景的人物和建筑的
窗户。（图1-57）

图1-57 步骤四

总结：

1. 马克笔的表达首先需要掌握好笔触，笔触是基础，在表
现内容时，第一要体现出明度变化，哪块最亮，哪块最深，哪
块偏灰。通常最亮的部位留白处理，灰面的部位层次最多，需
要准备好不同明度的灰色，最暗的部位通常使用深灰色（必要
时可以用黑色）。

2. 表达时先画大关系，上来千万不能盯着局部刻画，否则
画面整体就不会舒服，笔触也容易画乱。

步骤五：先用暖灰
色（TOUCH WG2）画
出水面的底色，再用暖
灰色（TOUCH WG4）
画出建筑的倒影部分，
笔触稍微含蓄点。最后
再用深灰色刻画建筑物
中最暗的几个点，让画
面整体色调关系分明，
对比强烈。（图1-58）

图1-58 步骤五　　　　　　　　　　　完成图 TOUCH酒精马克笔、16开素描纸，2017年

课后练习之三：街边小景——马克笔的同色系上色训练

照片分析：

此场景是我在路上拍的植物组合，正好拿过来当作这次同色系的练习。可以明显看出，照片虽以绿色为主色，但植物之间的明暗层次分明，绿色的色相也有很大不同，包含了草绿色、中绿色、暗绿色等，这次就训练如何在同色系的绘制中让色彩关系达到既变化又统一。（图1-59）

图1-59　照片场景与完成图

绘画步骤如下：

步骤一：先用铅笔定位好物体的轮廓。（图1-60）

图1-60　步骤一

步骤二：用浅绿色（TOUCH 48）先刻画草地的底色，笔触以平涂为主，后面绿篱的亮部（顶面）用同样方法表现，里面选择中绿色（TOUCH 47）表现。靠前一点的植物则用黄绿色和中绿色（TOUCH 59和47）同时刻画亮面和暗面。（图1-61）

图1-61　步骤二

步骤三：选择中绿色（TOUCH 47）表现后面的树丛和四棵较高的树木。笔触以短排笔、不规则排笔为主，但要保证树形准确，再乱的笔触也尽量不跑出铅笔的轮廓线外。（图1-62）

图1-62　步骤三

步骤四：用红色（TOUCH 9/14）点缀前景植物上的花色。然后丰富前景草地上的"内容"，笔触以扫线为主，强调自然过渡。（图1-63）

图1-63　步骤四

图1-64 步骤五

步骤五：用深绿色（TOUCH 43）表现植物的暗部。暗部以点笔触为主，不要大面积刻画。尤其在植物边缘线交接的位置去点，可以很好地区分植物的前后关系。（图1-64）

步骤六：最后刻画天空及远景建筑物。天空采用天蓝色（TOUCH 143）表现，建筑物用暖灰色（TOUCH WG2）表现。用高光笔刻画前景植物白色花卉部分。最后用深绿色（TOUCH 43）刻画树群的暗部颜色，笔触以点笔为主，用深灰色（TOUCH WG7）的细头简单刻画树枝。（图1-65）

图1-65 步骤六　　　　　　完成图　TOUCH酒精马克笔、16开细纹水彩纸

总结：
　　同色系的叠加可以产生丰富的色彩变化、明度变化和笔触效果，马克笔由于自身特点，不能调和出非常丰富的色彩效果，因此同色系的色彩叠加必不可少，它可以使颜色之间很好地进行衔接，不会因为色彩调和问题出现颜色"花"的现象。这一技法训练特别适合初学者，建议前期先做大量的同色系练习，把握好整体的色彩和明暗关系后再去加大难度。

第二章

色彩，为你的灵感带路

课前答疑

1 老师，我对色调和色相分不清楚，这两者的区别是什么？

色相是每种颜色的名称和特性，例如绿色、蓝色、红色。

色调是氛围，例如黄昏时的室外，整个场景会被黄色的氛围所笼罩，那么这就是黄色调。

2 老师，如果想突出色调，是不是就要改变物体的固有色？在写生时是否要遵循场景氛围来刻画？

突出色调并不意味着要改变物体的固有色，只不过固有色会受到光源色或环境色的影响。例如绿色的树木在强烈的阳光照射下会呈现黄绿色（黄色是光源色，绿色是固有色），黄绿色是一种被光线影响了的固有色。

遵循场景气氛画是必需的，我们在写生时最重要的就是要表现大自然带给我们的氛围感，从绘画的角度讲，我认为是第一位的，而如果从设计学的角度讲，结构、形体、空间则是第一位的。这就得看你从哪个角度看问题。

3 我写生时感受不出色彩，因为看到的颜色都是比较灰的，这导致我画出来的效果都很单调，颜色也不丰富，这个怎么解决？

感受不到颜色有可能是你对色彩的理解不够。实际上这也并不复杂。你可以从三个方面去看待目前的问题：一是物体的固有色是什么？二是有没有光源色介入？是冷光还是暖光？三是物体受不受环境色影响？分析好之后再去整合，固有色受光源色影响大不大，如果大，那么需要制定出一个统一的色调，所有的颜色都要统一在这个色调中，并在同一种色调中寻求变化。要多在写生中去观察、去体会。另外，多画色彩小稿，把你看到的、理解的颜色记录下来，时间久了，你就进步了。

4 在刻画暗部色彩时，一般会画多少层呢？为什么我感觉我的暗部总是不透气？

暗部不透气是因为你画得太单调了，缺少变化。实际上暗部里面也要有黑白灰，也会有微妙的色彩变化，你只要体现出来就可以，无须规定必须画几层。

5 老师，画一幅色彩作品，什么最重要？是颜色吗？我为什么感觉画的颜色挺丰富，可还是很乱呢？

一幅色彩作品严格意义上说，色彩最重要，但我认为排在前面的应该是素描关系，也就是"黑白灰"，如果没有"黑白灰"关系支撑，再漂亮的色彩也会少了骨架。大家可以做个实验，你们把名家的色彩作品变成黑白照片看看，他们画中的黑白灰分布是相当准确和协调的，绝不仅仅是颜色漂亮而素描关系混乱。

你感觉自己画得混乱肯定是在这一点出了问题，重视了色彩，忽略了素描关系。

6 一幅色彩画是"颜色鲜活"好，还是"高级灰"好？

这是两种风格，没有可比性。"色彩鲜活"可以给人强烈的视觉刺激，让人眼前一亮。"高级灰"会让人越看越耐看，需要细品。两种风格各有优势，这要看绘画者的兴趣。但无论采用哪种风格作画，都不要忽略基本的素描关系。

7 老师，我的色彩感觉不好，这点如何培养？

每个人都会对色彩有独特的感知，你觉得你感觉不好，只是没有把潜能挖掘出来，平时多加训练，多画色彩稿，一定要从写生中找到窍门。你可以在一个场景中画不同的色调，如暖色调、冷色调、黄色调、蓝色调等。

色彩一部分是观察到的，另一部分是主观臆断的，你心中也要有一个定位，然后去"结合"就可以了。

另外一点就是多看好作品，分析和临摹它们，久而久之，你的潜能就会被激发出来。

（一）辨别主色调

在你要对一个场景上色时，首先要做的就是对画面的主色调进行定位。例如，你处在一个充满树林的场景中，春天草地特有的颜色是充满生机却又纷繁复杂的。要找出这种颜色的基调，你会从哪里开始？有些人可能会选择黄色，有些人会选择蓝色，有些人会选择绿色。无论如何，要将这些颜色简化为一种单一的色调确实不易。但是一旦你的主色调定位下来之后，其他的就会很容易判断了，它们将围绕着这个主色调——展开操作。但要注意，画到最后，无论你的颜色多么丰富，都不要失去你开始定位的主色调。（图2-1~图2-3）

图2-1　马克笔，2018年

　　这是一幅表现夜景的马克笔作品，整个场景被天空的暗色所笼罩，致使画面的色调呈现湛蓝色的主色调，建筑物部分由于人造光的原因，体现出丰富的色彩变化。但这些颜色所占比例却较小，因此无论颜色多么丰富，所占比例最大的那部分则最可能被定义为画面主色调，其他部分色彩则会围绕这个主色调进行搭配，让整体画面显得色彩和谐又不失丰富性。

图2-2　马克笔，2018年

　　绿色的荷叶占了画面大部分面积，水面的倒影也反映了远处绿树的倒影色彩，因此这幅作品的色彩被定义为绿色调。

图2-3　马克笔，2017年

　　画面中以黄色为主导，其余的颜色作为陪衬，既丰富了画面，又统一了色调。

（二）如何处理画面视觉中心

　　建筑风景画的美感来源于组成场景的各个元素间的主次、轻重关系，通过这种关系的组织形成画面的视觉中心。强调视觉中心能够吸引观察者的注意力，让观者能一目了然看到画面的重点。视觉中心的营造需要有以下几种方式：虚实对比、色彩对比、明度对比、局部着色等。

虚实对比

"虚实对比"是拉开空间层次、突出画面主体的常见手法。画面处理时，不用对场景中的所有物体进行深入描绘，而是通过重点刻画，强调画面的主要内容，以区分场景的空间关系，形成主与次的强弱对比。（图2-4、图2-5）

图2-4 钢笔+马克笔，2016年

图2-5 钢笔+马克笔，2016年

色彩对比

　　"色彩对比"主要包含了色相对比与纯度对比。主体部分的颜色可以相对纯一些，其他陪衬部分的色彩略灰些，这样的画面的视觉中心就会被明显突出，色彩的张力就会增加，视觉效果强烈。

　　还有一种效果是：整幅画面的色调偏稳重，通过局部点缀纯色来打破这种平衡，形成视觉冲击。（图2-6、图2-7）

图2-6　马克笔，2018年

图2-7　钢笔+马克笔，2018年

明度对比

"明度对比"是指色彩的明暗对比，也称黑白灰关系。明度对比的加强，可以使画面产生强烈的空间效果。如果明度对比不强，画面就会灰蒙蒙的一片，没有重点，平淡乏味。一般情况下，主体部分的明暗关系可以对比强烈，陪衬部分的明度对比可以稍弱。（图2-8~图2-10）

图2-8 钢笔+马克笔，2016年

图2-9 钢笔+马克笔，2016年   图2-10 钢笔+马克笔，2016年

局部着色

　　"局部着色"也是绘画表达的方式之一，在快速绘制中经常使用。它和"半成品"的性质是不同的，它是为了突出重点而选择只画重点，其余部分则保留线稿部分。这样的绘制让人一目了然，重点突出，且省时省力。（图2-11）

图2-11　钢笔+马克笔，2016年

画面光影的处理

　　"光影"是构成画面物体具有立体感的重要因素之一，没有光影的画面会显得暗淡无色，物体会缺少立体效果。光影越强烈，画面的明度对比也会越强烈，空间感越突出。（图2-12~图2-15）

　　这幅作品主要刻画楼群局部的光影变化，受光部分大面积的留白和暗部的阴影形成了强烈的黑白对比，显得光线充足，真实感强。

图2-12　钢笔+马克笔，2015年

图2-13 钢笔+马克笔，2018年

画面突出强烈的光影效果，受光部分色彩明亮，背光部分色彩较深，受光部分颜色偏暖，背光部分颜色偏冷。

图2-14 钢笔+马克笔，2010年

为了突出夜晚的灯光效果，刻意地将天空"压"得很深，突出建筑上的灯光变化，最亮的地方用高光笔加以修饰，画面光影极其强烈，氛围充足，有代入感。

夜晚的水面因为周围光线的变化而显得丰富多彩，画的时候注重水面倒影的变化，颜色丰富但不失统一性。

图2-15　钢笔+马克笔，2017年

画面的光影包含了光与影的相互关系，光线的射入会使物体产生明暗现象及不同形状的阴影。光线与投影的介入是营造氛围的最基本因素，对于绘画来说，也是增强画面空间感和立体感的主要手段。（图2-16）

图2-16　作者：陈立飞（钢笔+马克笔，2017年）

在绘制之前，首先应该分析光影的来源，是自然天光，还是太阳光？是顺光，还是逆光？要分析在不同光照情况下空间的光影存在状态，体会各种光源的特征。（图2-17~图2-19）

图2-17　钢笔+马克笔，2016年

自然光

自然光的状态下，光影较柔和，亮面和暗面的对比弱，阴影浅。

图2-18　钢笔+马克笔，2016年

顺光

顺光是太阳光线变化之一，光线从正前方或者侧面位置照射，明暗对比强烈。

逆光

逆光是画面中经常表现的光影效果之一，逆光时，阴影会笼罩在建筑物、地面等大面积部位上，物体的细节会变得较模糊，绘制的时候通常以概括的方式含蓄表达。受光面和背光面的明暗对比较强。

图2-19　马克笔，2018年

（三）冷暖色的理解

众所周知，冷色包括蓝、绿、紫；暖色包括红、橙、黄。在色环上，冷色和暖色处在了"对立"面。（图2-20）

第一种理解，当面对一个场景时，随着光线的变化，冷暖色之间也会变化。例如，清晨时的阳光还不是很充足，这时场景的整体色彩多为冷色。随着太阳光逐渐充足，空间的色彩就会逐渐变暖。到黄昏太阳快要落山时，整个场景则会完全以暖色为主。在不同时段都会体现出不同冷暖级别的色彩变化。（图2-21~图2-23）

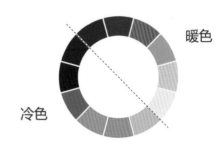

图2-20　冷暖色色环

图2-21　钢笔+马克笔，2016年

清晨状态的空间色调多为冷色调

图2-22　钢笔+马克笔，2016年

中午和下午的空间色调多为暖色调

图2-23 马克笔，2017年

　　傍晚或夜晚的空间，由于灯光的作用，画面中绝大多数物体都会呈现暖色调，而天空本身则是以深蓝色为主的冷色调。

　　第二种理解，也就是我们最常说的明暗面的冷暖变化。通常亮面偏暖色时，暗部则会偏冷。这是因为亮面受光线照射形成暖调子，而暗部则是背光，受阴影和环境的影响偏多，因此偏冷。（图2-24、图2-25）

图2-24 钢笔+马克笔，2018年

　　上图作品是在很强烈的暖光下绘制的。我们不难看出，受光部偏暖，因此采用大量黄色刻画；暗部偏冷，因此色彩偏重蓝紫色。

图2-25　钢笔+马克笔，2017年

　　有时候为了统一色彩，冷暖对比并不需要太强烈，只要稍加区分即可。但不区分，色彩会显得单调乏味。

　　第三种理解则是画面空间上的冷暖变化，如近景偏暖的话，远景就会偏冷。这样可以有效地利用冷暖拉开空间。（图2-26、图2-27）

图2-26　钢笔+马克笔，2017年

图2-27　钢笔+马克笔，2015年

（四）丰富你的暗部

实际上，暗部是尤为重要的一个因素。处理好了，它会让你的画面非常出彩，处理不好，它会淹没掉很多重要的信息，会被人当作是一块黑布罩住你的画面。（图2-28）

图2-28　马克笔，2017年

培养对色彩在暗部方面所起的作用的意识不仅仅是一种达到目的的手段，它比起总是使用黑色来处理暗部要有趣很多。我自己画画的时候基本是不用黑色的，我会反复寻找暗部的颜色变化、明度变化。当你认真观察时，你会发现，暗部里面可挖掘的内容真的有很多。（图2-29、图2-30）

图2-29　钢笔+马克笔，2017年

大面积的暗部实际上更需要谨慎处理内部的色彩和明暗变化，如果处理不好，很容易出现"花"和"平"的现象。所谓"花"就是画得不整体，色彩太过跳跃，"跳出了"暗部；"平"就是颜色缺少变化，漆黑一片。

图2-30　马克笔，2017年

（五）注重氛围，弱化物体

我认为，在写生时并不仅仅是描绘场景中的物体，更要注重场景中的氛围。因为户外的空气有时候清澈，有时候浑浊。我们要观察大自然中微妙的光线变化，如图2-31中银灰色的天光从天空照射下来，洒在各种建筑物和树木等景物上，创造出温暖而微妙的阴影。在写生中，如果将这些景色展现在你的画面上，那么它会更加具有生命力和艺术性。

捕捉气氛和空气的作用对画者来说有着特殊的意义。大气渐隐了远处的形状，也使颜色变得柔和。户外绘画的目的之一是营造空气感。每个场地都有自己独特的光线和氛围，如果你忘记了这些内在因素，只是清清楚楚地描绘了场景、物体，那就显得单调乏味了。你必须设身处地地去感受大自然带给你的独特感觉。
（图2-31、图2-32）

图2-31　马克笔，2018年

上图为广州珠江景观，在夜幕即将来临的黄昏，抓住太阳即将落山时的光线变化，整体呈现蓝色和橙色混搭的色彩，建筑物已经变成了剪影，黑乎乎的一片看不清细节，我主要抓住了这个整体氛围给予表现，画的时候注重空间的色彩和光线，弱化了建筑物的细节，重点放在了天空和水面的光感处理上。

图2-32　马克笔，2016年

这幅画是一幅夜景表现图，画夜景时要注重人造光源带给场景的氛围，画面上有很多内容看到的只是剪影效果，通过光线的变化，找出空间中最亮和最重的部分，以及过渡的灰色变化，整体的黑白对比要强烈。更重要的是，大面积的暗部要画得丰富，不要"涂死"。

（六）正负形

如果将马克笔着色部分的图形看成是正形的话，那么留白（底图）的部分则成为图形关系中的负形。（图2-33~图2-35）

图2-33　钢笔+马克笔，2016年

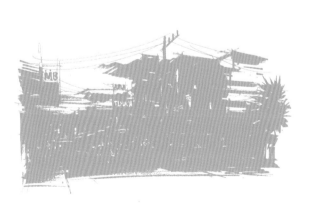

图2-34　灰色为图，白色为底，图形完整而富有变化

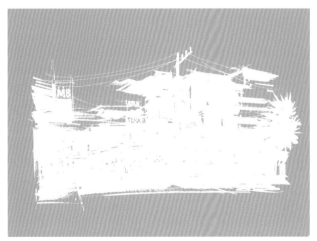

图2-35　白色为图，灰色为底，图形也显得较为完整

正形和负形构成了统一的画面，它们的共同交界线就是画面着色部分的外边缘线。因此边缘线的整体形态同样构成了完美的图形，切勿将边缘线画得杂乱，影响正形的同时负形也会受到牵连。（图2-36~图2-38）

图2-36　马克笔，2017年

图2-37　灰色图形整体感较强，
　　　　边缘完整而不失变化

图2-38　白图图形同样也显得
　　　　较为整体

课后练习之四：纽约古根海姆博物馆——冷暖色的训练

照片分析：

照片中光影变化明确，亮部受光线影响后偏暖，暗部偏冷。

建筑形体简单，几何感强，对于初学者而言，把握好造型不是大问题。

照片整体色彩偏灰，如果我们要突出冷暖色的变化，则要主观地改变下照片中的部分色彩，突出冷暖色差。

照片中的视角略偏远偏侧，在表现时要适当调整到舒服的视角后再进行刻画。（图2-39）

图2-39 照片场景与完成图

绘画步骤如下：

步骤一：用铅笔勾勒建筑轮廓。（图2-40）

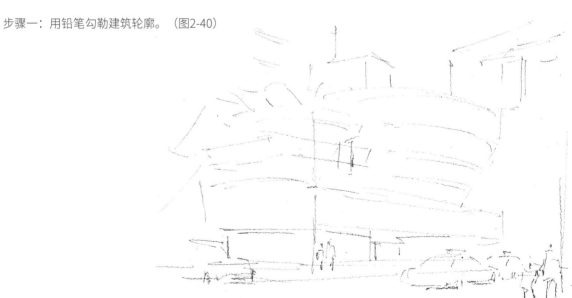

图2-40 步骤一

步骤二：我们定义暗部偏冷，并且加强冷暖色彩的反差，因此暗部我们不用冷灰色，改用蓝灰色（stylefile marker 508）刻画，笔触要随着建筑形体的结构运笔。亮部则用土黄色（stylefile marker 112）配合暖灰色（TOUCH WG 0.5）刻画。（图2-41）

图2-41 步骤二

步骤三：接着铺大色块。右侧的建筑物依然用蓝灰色（stylefile marker 508）排笔，左边的建筑物背景则用土黄色（stylefile marker 112）排笔。地面用烟灰色（stylefile marker NG3）刻画。建筑的过渡面选择暖灰色（TOUCH WG1）刻画。（图2-42）

图2-42 步骤三

步骤四：加深暗部的明度，用烟灰色（stylefile marker NG3）给右侧建筑背景加深，同时加深博物馆建筑暗部的阴影。用铁灰色（stylefile marker NG7和NG9）画出博物馆建筑深色的表面部分。用橙黄色（TOUCH 24）画出出租车的底色，人物点缀红色。（图2-43）

图2-43 步骤四

步骤五：深入刻画画面内容，用土黄色（stylefile marker 112）继续加强建筑物暖色受光部分的过渡色（最亮的部分留白），用蓝灰色（stylefile marker 508）加强暗部冷色，同时表现出天空的蓝色。用深灰色画出建筑背景的窗户。用木色（TOUCH 94/98）画出路灯。（图2-44）

图2-44 步骤五

步骤六：最后调整画面，冷暖色太过跳跃的话，就在此基础上用浅灰色覆盖，降低其纯度（但不要过分加深明度），因此选择冷灰色（TOUCH CG2）和暖灰色（TOUCH WG 0.5）。人物部分用深棕色和深灰色加深，让画面有颜色最重的成分。在画面中心位置反复调整造型、明度和色彩之间的变化，达到变化和统一。（图2-45）

图2-45 步骤六

完成图 stylefile marker马克笔+TOUCH酒精马克笔、16开宝虹中粗水彩纸，2018年

总结：
此照片中的建筑是白色建筑，白色是受环境色或光源色影响后产生色彩变化最明显的颜色，表达不好就特别容易让颜色画"脏"和画"花"，因此在处理中要始终注重色调的统一性，即便最后分开了冷暖色差，也要用一个统一的笔号（浅灰色）将画面的黑白灰和色彩归整，达到统一。（图2-46）

图2-46 该幅作品去色后黑白灰效果

课后练习之五：福建土楼客家民居——建筑光影表达训练

照片分析：

场景的进深感很强。

色调较统一，以黄色调为主。

光影强烈，黑白对比明显，阴影边缘线清晰可见。

暗部占的面积较大，亮面较少。

刻画时要注重细节表达，例如石块、木头等表面质感。（图2-47）

图2-47　照片场景与完成图

绘画步骤如下：

步骤一：用铅笔勾出大的形体剪影。（图2-48）

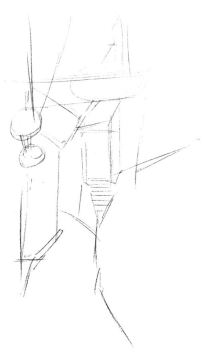

图2-48　步骤一

步骤二：细化空间形态。（图2-49）

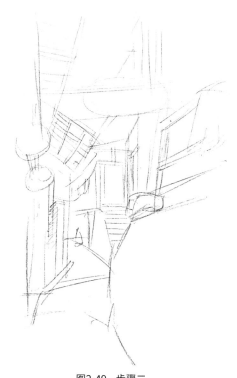

图2-49　步骤二

步骤三：用中性笔（白雪针管走珠笔）勾勒建筑轮廓。（图2-50）

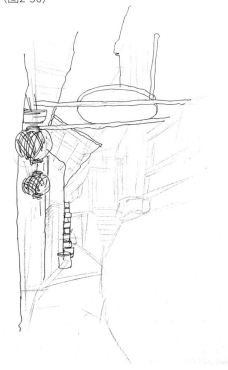

图2-50　步骤三

步骤四：将建筑形态的所有轮廓勾完，注意线条要活。（图2-51）

图2-51　步骤四

步骤五：深入刻画左侧建筑部分。门口的部分用斜插排线加深；房檐下面的木头用竖线灵活表达。（图2-52）

步骤六：深入刻画其他部分的内容。近处石头的刻画以不规则多边形为主，注意疏密关系，在边缘线部分稍加"调子"，和远处的内容区分开。木头的材质部分都用竖线概括；地面的砖则有选择性地刻画，不要面面俱到；在这一步的线稿之中，我们不强调阴影，而是把阴影留给马克笔部分。（图2-53）

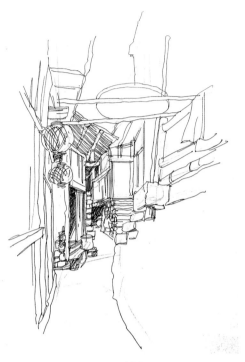

图2-52 步骤五

图2-53 步骤六

步骤七：用棕黄色（TOUCH 103）画出左侧木墙及木门的底色，同时用冷灰色（TOUCH CG3）画出地面阴影。（图2-54）

步骤八：为了保证色调与统一，先用淡黄色（TOUCH 36）将石墙、地面等受光面覆盖一层底色，用暖灰色（TOUCH WG3）刻画墙上的阴影；最后用红色表现灯笼（TOUCH 14）。（图2-55）

图2-54 步骤七

图2-55 步骤八

步骤九：加深建筑结构的暗部。用暖灰色（TOUCH WG5）刻画重色部分，暗部位置要体现出层次，不能"死黑"。（图2-56）

图2-56　步骤九

步骤十：用天蓝色（TOUCH 76）刻画天空；用中绿色（TOUCH 48）表现石墙上的青苔；远处的房子刻画出阴影，为了和近处产生冷暖对比，远处的阴影用冷灰色（TOUCH CG4）叠加。（图2-57）

图2-57　步骤十

步骤十一：深入刻画画面，尤其是暗部，需要重点刻画。暗部的层次越多，画面就越丰富，但是需要注意，暗部不能太过跳跃，所有的关系既要有变化，又要含蓄在暗的色调中。（图2-58）

总结：钢笔结合马克笔是建筑手绘常见的表达手段之一，以钢笔表现建筑的形体，形成骨架；颜色进行深入刻画或点缀，表达出来空间的色彩、光线和氛围。（图2-59）

图2-59　该幅作品去色后黑白灰效果

图2-58　完成图　TOUCH酒精马克笔、八开素面纸，2017年

课后练习之六：宏村月沼——纯色调的训练

照片分析：

照片中以蓝灰色为主色调。

这个场景是宏村核心部分——月沼，因此需要突出水面的刻画。

建筑物表面的细节较多，画时要注意充分表达。

水面的倒影较清晰，边缘线明显，画的时候要注意整体的轮廓形态和色彩变化。（图2-60）

马克笔：温莎·牛顿色素马克笔

图2-60　照片场景与完成图

绘画步骤如下：

步骤一：用铅笔勾勒出场景内容的轮廓，起形过程中不必勾勒得太细致，主要还是抓大放小，抓整体，放局部。（图2-61）

图2-62　步骤二

步骤二：用羊皮色（121）、暖灰（134）、碳粉灰（136）刻画建筑物的表面颜色；用蓝色（621）刻画天空颜色。天空的笔触采用平涂法，房子的块面要注意颜色变化。（图2-62）

图2-61　步骤一

步骤三：继续用第二步的几种颜色画出水面的底色，这次要注意水面的边缘线痕迹要虚一点。用碳粉灰（135）刻画建筑物上的门窗，用朱红色（682）画出墙上的对联。（图2-63）

步骤四：深入刻画建筑墙面的质感。用碳粉灰（144）、碳粉灰（146）、碳粉灰（135）刻画建筑物的砖块，笔触以横向排笔为主，要注意虚实变化，不要排得很满和规整。用碳粉灰（144）、亮黄（055）、浅金黄（091）或其他颜色等刻画坐在地面上的人物，人物以"符号"为主，不要具体刻画。（图2-64）

图2-63 步骤三

步骤五：使用之前用过的碳粉灰色和天蓝色，刻画水面的倒影。要注意笔触，随着水波纹的形态用曲线条表达，如果画成直线，则会成镜面效果，就失去了水的感觉。天空部分则用浅酞菁蓝（053）和天蓝（621）结合叠压，使天空部分明度加深。（图2-65）

图2-64 步骤四

图2-65 步骤五

步骤六：继续刻画水面的内容，反复使用前几步的颜色刻画。中间鸭子的位置要预留出来，用浅黄色画出鸭嘴。（图2-66）

图2-66 步骤六

步骤七：用中灰（148）和碳粉灰（135）将水面里的建筑倒影的边缘线勾勒下，表现得更明确些，然后再去深入刻画建筑物的表面细节。人物部分用笔触点出来，注意比例。（图2-67）

图2-67　步骤七

步骤八：深入调整画面大关系，加强边缘线的处理，刻画出人物、鸭子的细节。建筑物部分重点表现墙上的色彩变化，用天蓝色画出环境色，最亮的受光部分需要留白，也可以用高光笔提白。水面部分的建筑倒影（例如门窗、对联、人物等）要隐约体现。（图2-68）

图2-68　完成图　温莎·牛顿色素马克笔纸本/A4规格、色素马克笔，2018年

总结：

这幅作品的主题是以强调纯色为主，可以对比照片发现，画中所用的颜色都比原照片的色彩要纯，饱和度要高。高纯度的色彩画很容易让画面中的某一块颜色跳出整体而显得孤立，那么我们在绘制时始终要注意画面整体的"黑白灰"关系和色彩的统一性。所以我们看到，在以天空和水面蓝色为主的情况下，建筑物也会加入一些蓝色，让其投入到整体色彩环境中达到统一。同时，对联的朱红色又和蓝色产生对比色的关系，让红色显得跳跃，但其在画面中所占的比例成分很小，所以它不会显得太过孤立和跳跃。所以色彩之间的比例也是我们在绘制时需要重点考虑的内容。（图2-69）

图2-69　去色之后黑白灰的效果图

课后练习之七：宏村汪氏宗祠——灰色调的训练

照片分析：

照片的场景以自然光为主，画面整体色调偏灰。

湖面波纹较少，倒影明显。

建筑物层叠关系明确，但色彩上比较统一，也相对单一。

马克笔：温莎·牛顿色素马克笔

（图2-70）

图2-70　照片场景与完成图

绘画步骤如下：

步骤一：用铅笔（2H）勾勒出建筑场景的轮廓，线条不宜过多、过重。（图2-71）

图2-71　步骤一

步骤二：用暖灰（134）、暖灰（133）画出建筑墙面的底色，和水面建筑倒影的部分底色；用冷灰色（160）、冷灰色（159）画出石头护栏的色彩。（图2-72）

图2-72　步骤二

步骤三：用中灰（151）先画出建筑屋顶的底色，注意概括出来外形，这一步不刻画细节；用红褐（105）画出建筑门口的柱子颜色；用浅橄榄绿（085）和金黄绿（294）画出植物的底色；用暖灰（129）和中灰（153）画出建筑墙面暗部的色彩以及水面建筑倒影暗部的色彩。（图2-73）

图2-73　步骤三

步骤四：用羊皮纸色（121）、暖灰（134）和碳粉灰（146）混合画出建筑墙体的色彩，用中灰（152）和中灰（153）等画出墙面黑砖的形态；用碳粉灰（135）画出门洞的颜色；用猩红（601）画出灯笼的颜色。（图2-74）

图2-74　步骤四

步骤五：用天蓝色（621）画出天空的色彩和水面的底色；暖灰色和碳粉灰结合使用刻画水面建筑倒影的细节。对植物的细节加以刻画，采用碳粉灰（135）表现暗部，以点笔为主。（图2-75）

步骤六：深入画面，将远山的形体和倒影用浅薄荷绿（070）刻画；采用之前的几种灰色将建筑物的形态刻画具体；远处的人物用较纯的色彩表达。（图2-76）

图2-75 步骤五

图2-76
完成图 温莎·牛顿色素马克笔纸本/A4规格、色素马克笔，2018年

总结：这幅作品我们以训练灰调子为主，在灰调的表达中要注意适当降低色彩的纯度，这就需要我们在选择马克笔色号的时候排除掉那些鲜艳的色彩。灰调表面看上去色彩单一，但实际上也能体现颜色的丰富性，关键在于如何协调好这些看似不同的色彩，将它们变得统一又不失丰富度。这里就要多运用同色系的马克笔去刻画，"同色系"色彩虽然色相不同，但是色调是统一的，那么在高级灰的画面中，多去尝试同色系的上色方式会得到丰富的画面效果。（图2-77）

图2-77 该幅作品去色后的黑白灰效果

课后练习之八：上海外滩——画面视觉中心的处理

照片分析：

这是一幅以建筑立面为主角度的画面，"透视"不是我们平时所看到的一点透视、两点透视类型的透视。

画面的视觉中心点是三座较高建筑物的位置，但建筑物在画面的正中间，左侧与右侧距离相等，三座建筑物之间的间距也基本相等，从构图角度来说，稍微"呆板"了些。

水面的船也几乎是在画面正中间位置。

照片以蓝色调为主。（图2-78）

图2-78　照片场景与完成图

构图修改分析：

1. 如果把画面用"井"字分成九宫格，就可以看出画面中心位置。首先区分出来天、地、物的位置，这是天空、水面和建筑物（建筑物的平均高度）三者关系。

从我们用铅笔在井字格上划分可以看出：天空面积最大，建筑物面积其次，水面面积最小。（图2-79）

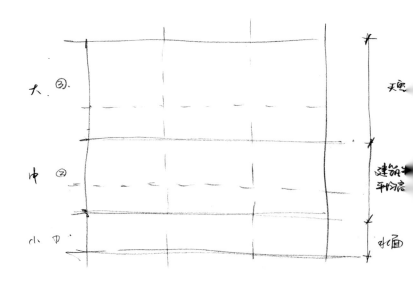

图2-79　"井字格"构图分析

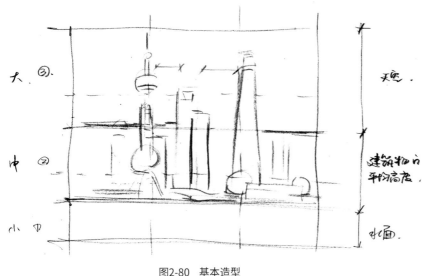

图2-80　基本造型

2. 用蓝色笔画出建筑物的基本造型，尤其是三个高层建筑，分别位于视觉中心的左右；照片中高层的间距均等，在画面中我们可以稍微移动位置，让其不均等。（图2-80）

3. 船只别看是配景，但是其构图位置也很重要。

图一的位置是原照片的位置，船只放在了画面中心，显得"呆板"。

图二中的船向左移动，虽然偏离了画面中心，但放在了建筑正下方，缺少"动势"，同时造成了水面右侧"空"。

图三的船向右移动了位置，偏离画面中间，又避开了建筑物正下方，画面有了变化，但单只船难免显得孤立。

图四在水面上增加了一些船只，建筑物为"静"，船为"动"，增加的船只显得画面很有"运动感"，但要注意增加的节奏，船要有疏密关系。（图2-81）

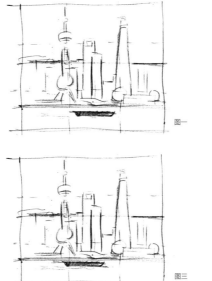

图2-81　船只位置

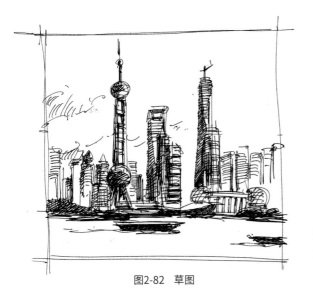

图2-82　草图

4. 构思之后的草图。

钢笔速写强调黑白对比，需要注意的是："黑"并不一定是调子重，线条丰富也可以体现"黑"；"白"不一定全部留白，少加调子或者不加调子也可以体现"白"。（图2-82）

绘画步骤如下:

步骤一: 用铅笔勾勒建筑轮廓 (图2-83)

图2-83 步骤一

步骤三: 先从左侧的建筑物开始刻画。画面边缘的建筑物画得要简洁,画到"东方明珠"时要注意增加细节和突出黑白对比。 (图2-85)

图2-85 步骤三

步骤五: 概括绘制右侧建筑; 前景的树用斜插排线表现,船用美工笔粗线条表现,水面的波纹用细线条刻画。 (图2-87)

图2-87 步骤五

步骤二: 用美工钢笔 (英雄382/0.8型号) 勾出建筑轮廓,注意线条要放松。 (图2-84)

图2-84 步骤二

步骤四: 将视觉中心 (中间部分) 的建筑物深入刻画,细节和黑白关系都要深入到位。 (图2-86)

图2-86 步骤四

步骤六: 进一步刻画视觉中心部分的建筑物,最后刻画天空。 (图2-88)

图2-88 步骤六

步骤七：用青蓝色（stylefile marker 600）画出中间建筑的底色，用蓝灰色（stylefile marker 508）画出水面颜色。（图2-89）

图2-89 步骤七

步骤八：用蓝灰色与冷灰色（stylefile marker 508和TOUCH CG2）搭配刻画建筑的暗部颜色；偏暖色的建筑物用肉色（stylefile marker 852）刻画；绿色（stylefile marker 671/632）画出树木的颜色。（图2-90）

图2-90 步骤八

步骤九：深入刻画视觉中心部分的内容，使其更突出，其余的地方则简单概括。（图2-91）

图2-91 步骤九

步骤十：用蓝灰色（stylefile marker 508）表现天空色彩，根据钢笔稿的走向刻画出云的形状，靠近水面和岸边的部分用灰色强调。在视觉中心（电视塔、建筑物下方位置）加强黑白对比，突出前景建筑物。（图2-92）

图2-92 完成图 stylefile marker马克笔+TOUCH马克笔、八开素描纸，2018年

图2-93 该作品去色后黑白灰效果

总结：
　　这幅作品以钢笔结合马克笔画成，利用钢笔事先画好素描关系，用颜色加以点缀。在上色时要注意，钢笔稿概括的部分，色彩也需要概括；钢笔稿深入的地方，色彩也需要深入，这是为了达到不同工具所体现的画面关系统一。相对次要的位置，在第一遍上色时就应该一气呵成，尽可能不再去修改，而重要的表现部分，则需要反复推敲和深入，这样视觉中心的内容才会画得更出彩。（图2-93）

课后练习之九：上海南京路夜景——画面氛围的营造

照片分析：

该照片场景为夜景，灯光效果分明，色彩较艳丽。

黑白对比明显，建筑部分受灯光影响颜色跳跃、明亮；树木、人群、天空部分颜色最重。

天空颜色为黑色，但在画面中需要表现出色彩倾向。

空间是以街景为主，主观地讲，要把建筑当成主要表现对象，其他为配景，在画的时候要考虑清主次和虚实关系。（图2-94）

图2-94　照片场景与完成图

绘画步骤如下：

步骤一：用铅笔勾勒场景轮廓。（图2-95）

步骤二：用淡黄色（TOUCH　45/35）勾勒出建筑物的颜色；地面的反光色用浅肉色（TOUCH　36）刻画。（图2-96）

图2-95　步骤一

图2-96　步骤二

步骤三：用浅肉色（TOUCH 36）将受暖色光的建筑物的底色画出，地面整体也用浅肉色（TOUCH 36）平铺；冷色部位的颜色选择淡蓝色（TOUCH 77）；远处广告弥红灯的色彩分别选择跳跃的颜色（TOUCH 68/67/74/15/9）。（图2-97）

步骤四：画出重色部分。天空的颜色用深蓝色（TOUCH 69），树的颜色选择深绿色（TOUCH 52）；人物的颜色用冷灰色（TOUCH CG6）先画底色；用淡绿色和淡蓝色（TOUCH 68/77）排笔刻画地面由灯光映衬出的环境色。（图2-98）

图2-97 步骤三

图2-98 步骤四

步骤五：深入刻画建筑物的形态。用橙黄色（TOUCH 24）刻画建筑物的窗户部分，注意概括表现。建筑物的反光部分用淡蓝色（TOUCH 68）刻画；树木的暗部用蓝灰色（TOUCH 62）；人物可以根据远近层次选择不同重度的灰色，但同时要注意周围环境给予的变化。（图2-99）

步骤六：将画面左侧部分深入刻画，建筑物只需概念地体现部分窗户，主要强调灯光的强烈效果，近处的树暗部用深蓝色和冷灰色（69/CG8）叠加体现，与建筑物形成强烈的黑白与色彩对比。近处的人物加深明度，远处的人物概括几笔体现丰富的变化即可，人物的倒影用暖灰色（TOUCH WG3）表现。左侧的车虚化，用概括的色块体现就可以。最后用高光笔画出灯光的部分。（图2-100）

图2-99 步骤五

图2-100 步骤六

图2-101 完成图 TOUCH酒精马克笔、8开细纹水彩纸，2018年

总结：
　　此作品注重都市街景灯光环境下的"热闹氛围"，因此我们把重点放在了突出光线的明暗关系以及与色彩之间的对比，而在建筑、树木、人物等细节的刻画方面则简化了很多。虽然简化了细节，但整体上不失完整性，因为我们抓准了物体的轮廓，让它们的造型显得很结实，而且物体的转折关系也可以通过细微的色彩变化体现出来。大家需要注意的是，不管如何表现画面，轮廓一定要清楚。（图2-101）

第三章
透视没有那么深不可测

课前答疑

1 我是学建筑学的，老师说透视要测量精准，否则空间就会画不准，但是我觉得那样做太麻烦了，虽然画出来非常准确，但是却很像制图，一旦脱离测量，我就画不准了，老师这是为什么？

每个老师的角度不同，如果你是在制图的角度，那必须要求透视准确，甚至精确。但是如果是在绘画的角度，则不会那么严格了。绘画是艺术处理，可以"写实"也可"夸张"，因此没有严格规定透视精确度。而且，不借助尺规，我们也很难把线条画直，这多少也会影响到透视的精准性。不过这些都不是问题，重点是你有了透视理论支撑，在画面中做到"感觉对了"就行了，无须精确。

2 老师你一直在强调感觉透视，可是我完全没有感觉，我分辨不出物体之间的透视都是怎样消失的，画出来好乱啊。

你没有感觉，证明你的理论知识还是没有过关，还不知晓透视的规律。建议还是要先去学习透视理论，如"近大远小""透视线要全部指向灭点""一点透视规律""两点透视规律"等。记住，学归学，可千万不要像制图那样去学习测量法，只要理解其规律就可以用来作画了。

3 老师，我看到一张照片的仰视视角很大，建筑都快接近于三角形了，我是要按照这个原照片画出来吗？但感觉这样画出来很难看啊。

照片和绘画本身还是有很大区别的，照片中的摄影角度也许很好看，但画出来就不一定了，因此需要绘画者学会变通。我们画的建筑其实还是仰视视角多，但是像你说的这种形成"三角形"的透视，实际上是照相者站在建筑物的面前所拍摄的，形成了强烈的三点透视。一般我们写生时，不太愿意突出三点透视效果，因为角度太另类，不好看，而且建筑周边环境会不容易体现。因此当你面对这样的照片时，则要变成两点透视效果（垂直线不画成透视），外加把周边环境加进来，画面就会显得顺眼许多。

4 老师，怎样训练透视啊？

首先了解透视理论知识，了解透视规律，然后大量进行"体块练习"。对于"体块练习"，我通常会让学生做几何形体的透视训练，如用几组正方体画"近大远小"的透视效果，注意透视线是否都往灭点方向引导，然后进行大量的照片临摹或者写生。久而久之，透视感觉就会被培养出来。

　　其实关于透视，最重要的一点你已经知道了：近处的物体比远处的物体看起来要大。这是一种视觉假象，而透视的难点就是要把这种视觉假象在画纸上呈现出来。

（一）关于灭点

　　在利用透视绘画时，我们需要用到"灭点"的概念，即不同线条指向的那一点。换句话说，画面中所有的轮廓线条汇聚的地方就是灭点位置。它会根据观看视角的移动而变化。灭点有的时候甚至还会在画面外，但是它始终和视线在同一个高度。

　　在下面的这两个例子中，画面只存在一个灭点，其大致处在画面中心位置，也就是这条街道的尽头处。你可以看到，画面里的斜线条（透视线）都指向这一灭点，产生了近大远小的效果（图3-1、图3-2）。

　　灭点、视平线和透视线的关系：灭点在视平线上，两者不可分开。视平线增高或降低，灭点也会随着增高或降低。透视线要集中汇聚到灭点的位置上，不可偏离。

图3-1　灭点在画面中心偏右

图3-2　灭点在画面中心偏左

以下几幅作品的透视都是一点透视。一点透视的空间感很强，远近效果明显，人的站点通常站在建筑正面或者因要表现街景而站在街道中间位置，产生很强烈的进深感。（图3-3~图3-8）

图3-3　钢笔+马克笔，2015年

这幅作品的透视视角虽然较偏，但同样属于一点透视。两侧便道的斜线汇聚在尽头的灭点，左侧的建筑物斜线也聚集在灭点位置，空间的进深感很强。

　　　　图3-4　钢笔+马克笔，2016年

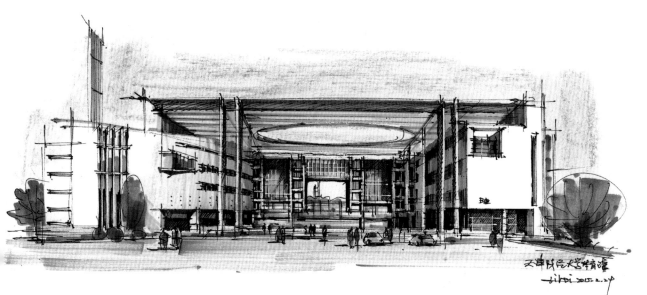

图3-5　钢笔+马克笔，2015年

　　这幅作品是现场写生作品，角度选择了这个体育场建筑的正立面，通常正面不容易表达，因为缺少空间感和结构转折变化。但这个建筑中间部分有一定的进深感，透视较明显并且正面的结构变化和特点很突出，故而选择此角度来画。在选择视角时要注意，要以抓住所表达建筑内容的特点为先。

图3-6　钢笔+马克笔，2015年

　　这幅作品以体现街道为主，虽然远处的建筑是一个很"平"的建筑，"没什么造型"，但是街道的进深及地面的植物铺装为画面增添了趣味。有的时候，我们在绘画过程中可以将建筑物和场景结合起来表达，体现更强烈的空间感。

图3-7 钢笔+马克笔，2016年

　　车辆排列起来凸显出很强烈的透视感。通过这幅作品要说明，车辆虽然排列得不整齐，但是大致的透视走向还是明确的，写生作品中的很多内容不可能都是精确的透视关系，但是我们可以抓住整体的透视关系加以刻画。

图3-8 钢笔，2016年

　　这幅钢笔画在表现街道的时候是一点透视，灭点位于画面中心偏左的位置，道路的"近大远小"透视效果比较明显。建筑物高低错落并且位置变化较大，虽不在一条透视线上，但是大体的透视走向还是很明显的，近大远小、近高远低的透视效果也体现得很明确。

（二）关于视角

有经验的画者会明白，并没有所谓的"绝对透视视角"，通常我们所说的"透视"都是指画者的个人视角，它会随着观察位置和角度的改变而改变，一旦画者移动位置，视角也会跟着发生变化（图3-9~图3-12）。

图3-9　照片场景

图3-10　照片视角

这幅习作遵循了照片的视角，站点在建筑物转折处，建筑场景形成比较"正"的两点透视效果，可以明确地看到建筑的正面和侧面。

图3-11 正立面视角

　　这幅习作将站点位置移动到了建筑物的正门处，形成正立面的视角，在透视上应是一点透视，但是因为建筑本身的透视效果不太明显，因此一点透视效果也会不明显。这类视角在表现中往往不会被使用。

图3-12 侧面视角

　　这幅习作视角转移到了建筑的侧面，但还保留了一部分正面角度，这种视角具有较强的主次性，一个面需重点表现，另一个面则概括。这类视角是建筑表达中的常用视角。

除了视角的"左右"移动之外，还会有"上下"间的移动。上下移动会使视平线产生变化：视平线高了，画面会变成俯视效果；视平线低了，则会形成较强的仰视效果。

平视角

我们来衡量仰视、平视、俯视都是以视平线的高低为基准。在右图作品中，虽然建筑物的高度还是超出人物许多，应形成仰视，但人物的状态是站立或在行走中，视线并不显得非常低，因此我们的定位是平视角。（图3-13、图3-14）

图3-13　平视角范例（钢笔画，2018年）

图3-14　平视角的透视效果

图3-15 低视角范例（钢笔+马克笔，2017年）

低视角

低视角是绘者坐在地上或者板凳上绘制场景的一种视角。因为视线很低，所以视平线也很低，看到的场景和物体几乎都是仰视。例如左图作品，我是坐在石头上画的，整体视线下沉了很多，连摩托车都形成了仰视效果。（图3-15、图3-16）

图3-16 低视角的透视效果

高视角（鸟瞰视角）

　　高视角作品也称为俯视图或鸟瞰图，通常是站在一定高度表达比自己视线低的物体。因此视平线在较高的位置上，所有的物体都在视平线以下。（图3-17、图3-18）

图3-17　高视角（鸟瞰视角）范例

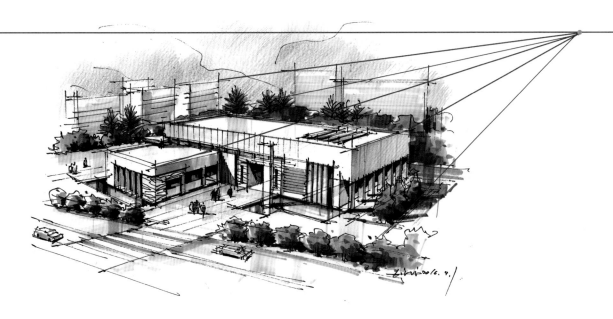

图3-18　高视角的透视效果

透视图中通常会有一个或两个灭点，这取决于我们可以看到物体有多少个面。对于一个建筑物来说，通常可以看到两个面，那么则会形成两点透视的现象。在两点透视中，两个灭点落在视线高度的同一水平线上，这与一点透视概念相同。同样，如果观察者的位置发生变化，视角和灭点的位置也会随之发生变化。（图3-19~图3-24）

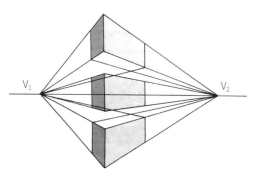

图3-19　两点透视意向图

图3-19中，V_1和V_2分别代表两个灭点的位置，画面中方体的透视线分别向各自方向的灭点汇聚。

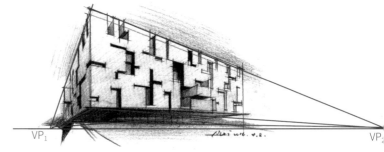

图3-20　两点透视的建筑表现（彩色铅笔，2016年）

上图作品可以看得出画者的站点是有所侧重的，较为偏重的这个面透视会显得较小，灭点（VP_2）距离建筑稍远；另一侧的立面透视很大，灭点（VP_1）距离建筑很近，这种"一主一次"的透视方法是常用的。

图3-21　透视范例（钢笔+马克笔，2015年）

图3-22　透视分析示意图

图3-23 透视范例

图3-24 透视分析示意图

　　两点透视的灭点通常会定在画面最边缘位置，甚至有时候还会被移到纸外。这样做会使建筑物表达比较开阔，如果两个灭点距离较近或者定在距离建筑物过近的位置，则会导致所绘的建筑物出现变形。（图3-25、图3-26）

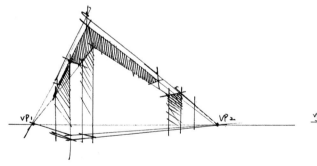

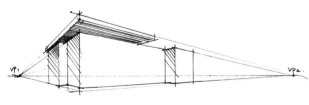

图3-25 灭点过近

　　上图示意图的灭点离得过近，也很紧贴建筑的形体，所以导致建筑物画出来显得变形、扭曲。

图3-26 灭点在画面边缘

　　上图示意图灭点远离建筑物"放"到画面边缘，建筑物的透视线整体被放"平"了，视觉上则舒服了很多。

（三）透视必须要画得精确吗?

对于初学者或者"业余速写者"来说，透视会显得不是那么重要，这一点要相信我。因为无论如何，速写都应该是一个有趣而享受的过程。如果你肯花时间琢磨所画的场景和画面，无论是否理解透视原理，只要认真去练习，肯定会"量变引起质变"，终究会攻克它。（图3-27~图3-29）

图3-27　钢笔+马克笔+淡彩，2018年

这幅作品画得比较随意，在大的透视走向把握好的基础上用放松的线条刻画形体，实际上速写就应该是以这样放松的状态去画，而不是刻意去追求精确到位。

图3-28　马克笔，2017年

一点透视相对好画一些，因为它的灭点会在画面中心附近，定好灭点之后，所有的斜线往灭点方向连接则会找准大的透视走向。之后，就看你对形体塑造的能力了。

图3-29　钢笔+马克笔，2017年

我每一幅作品的透视都不一定是准确无误的，但是却看上去非常自然，因为我可以把握好透视走向。所谓透视走向，就是抓住最有代表性的透视线，往往这些透视线都是长直线，它也许是建筑物的边缘线，或者是几个物体组合起来形成透视的辅助线。例如上图所示，建筑的形体透视非常明确，同时几面红旗排列起来也形成了一条透视线，只要抓住这些主线，透视则会慢慢生成。

图3-30　马克笔，2016年

在写生时，我们想要找出完全符合透视规律的建筑场景是不太现实的，多数场景的建筑都会出现错落和透视混乱的现象，如果一味地按照透视规律去画，画着画着就会陷入"死胡同"中。那么我们怎样来解决这个问题呢？首先就是不要追求精准，只要把握好大致的走向就对了。另外，与其在那里反复的找透视线，不如从建筑体或者其他物体的外轮廓入手，也就是从"形体"的角度出发，也许一切都会变得简单。（图3-30~图3-33）

图3-31　体块示意图

此场景虽然有很强的空间进深，但是房子之间错综复杂，没有形成明确的一点透视或两点透视关系。在这样的情况下，我们要摒弃找透视线的套路，要从形体的基本轮廓出发，将复杂的形体"几何化"。例如，房檐可以归纳成"三角形"，墙体可以归纳成"方形"，柴堆可以归纳成"梯形"等，这样以形体的方式表现，就不会苦恼于找不到透视线了。最后在此几何形的基础上刻画细节，慢慢深入绘制效果。

图3-32　钢笔+马克笔，2016年

图3-33　体块示意图

　　将复杂的形态概括成几何图形（立方体、圆柱体、三角形等）
抓住形体的轮廓特征，从外由内入手。

（四）空气透视

空气中因为存在着雾气和尘埃，所以远处的物体会显得模糊不清，隐约只能看到轮廓线，但是细节很模糊，在画面中我们也会经常模拟这种效果。

右图（图3-34）远处的建筑体只会看到轮廓线，但不到任何细节；中间的桥柱相对可以看清楚部分细节；近处的路灯则清晰地看到轮廓和细节。

不按照空气透视的规律所表现的建筑往往出现平淡、画面空间层次混乱问题，缺少空间感。（图3-35）

图3-34　空气透视法

右图作品是在2010年所画，时隔现在已有九年时间，回头看看以前的作品真的是问题很多，当时只顾及线条放不放松，完全不会考虑画面关系的处理。画面近景和远景没有拉开关系，均刻画得面面俱到，完全没有体现出空气透视的特点。拿出此图当个反例，让广大读者引以为戒。

图3-35　钢笔画，2010年

图3-36　实景图片

根据空气透视的原理将近景、中景、远景
表现成三个不同的层次，使画面极具空间感。
（图3-36~图3-39）

图3-37　钢笔，2018年

图3-38 示意照片

图3-39 钢笔，2018年

通过以上几个案例我们得出结论：在处理画面的时候，可以将近处的建筑或物体层次表现得细微、深入；中间的建筑或层次表现得稍微概括些；远处的建筑或物体则可只表达轮廓即可。

上文两幅作品都体现出了空气透视的效果，近处的主体物刻画得相对精细，使其往前"跳"，后面的形体模拟"空气"效果，则虚化，这样画面就会"被拉开"，体现空间效果。

课后练习之十：石头村——一点透视训练

照片分析：

此场景为一点透视。按照站点所在的位置，视平线大致推断位于远处人物脚的部位，因为远景部分有台阶，所以定位视平线的时候需要分析人物是否上下台阶，改变了高度。视平线高度定位好之后，灭点（照片中的蓝点）位置可以大致推断出是在画面右侧。（图3-40）

图3-40 照片场景与完成图

从照片中红色的透视线中可以看到，透视线并不是完全吻合到灭点的位置，这是因为建筑物本身存在着高矮、错落和起伏的变化，有些地方是不太规则的，我们只要在绘制中把握好大致的消失方向就可以了，无须做到精准。（图3-41）

图3-41　视平线与灭点的定位

注意近景房子的竖线，与画面边缘不是平行的，这是因为照相的人为了保证拍到较高的物体而将照相机上扬，这样就形成了三点透视的效果（图3-42）。但是三点透视在表达中容易使物体在视觉上显得变形，因此在绘制时我们需要主动调整视角，让竖线回归垂直状态。

图3-42　修改视角

照片中的色调整体偏暖，光影关系明确。

房子的表面以砖头为主，地面有大面积错综复杂的石块，画线稿的时候要注意概括和取舍。（图3-43）

图3-43　概括和取舍

绘画步骤如下：

步骤一：用绘图笔首先刻画右侧偏远的房子结构以及人物的外形。（图3-44）

步骤二：然后画出左侧房子的远景部分。（图3-45）

图3-44　步骤一

图3-45　步骤二

步骤三：画出近景石墩的造型，需注意近景与远景的位置要把握好。（图3-46）

步骤四：画出近景房子的内容以及地面的铺地，需要注意的是房子的砖块要有取舍，不能画得太满。（图3-47）

图3-46　步骤三

图3-47　步骤四

步骤五：刻画远景的树。这里我主观改变了树的位置和面积，因为照片中的树面积太大，构图有些居中，在画面中将其挪在了右侧，让天际线的起伏显得更有变化。墙面的砖做了深入刻画，但也注意处理了疏密关系，远景部分显得密集，近景部分适当放松。地面部分和相片相比就显得简化了许多，因为墙面已经很丰富了，这样做是为了拉开对比，体现层次。（图3-48）

图3-48 步骤五

步骤七：用暖灰色（TOUCH WG3）画出房子的暗部和阴影部分。（图3-50）

图3-50 步骤七

步骤六：用土黄色和肉色（stylefile marker 112/852）刻画出房子的墙面以及地面的底色，笔触求整，这一步不要过分强调砖块的细节。（图3-49）

图3-49 步骤六

步骤八：用暖灰色（TOUCH WG4）画出左侧墙面的阴影；用绿色（stylefile marker 624/667）画出植物的颜色；用（stylefile marker 852/114）画出砖墙部分砖块的颜色。（图3-51）

图3-51 步骤八

步骤九：继续刻画右侧墙的暗部细节。用灰色（TOUCH WG5和stylefile marker NG4等）加深墙面的暗部，需要注意墙砖的色彩变化，不能全部涂黑。房顶的下檐用暖灰色（TOUCH WG7）加深，地面的阴影远景部分加些冷灰色（如TOUCH CG3）。近处的偏暖，刻画近景的石墩，达到强烈的光影变化效果。（图3-52）

步骤十：将左侧房子的阴影也用步骤九的深灰色加深，同时勾勒好阴影的边缘线。墙面部分则用肉红色（stylefile marker 204/302）画出红砖的色彩变化，有些暗的颜色在此基础上用暖灰色（TOUCH WG2）加深明度。地面的色彩注意中间部分最亮，用小面积的留白体现光的直射范围。远处的树用绿色（stylefile marker 671/668）刻画。（图3-53）

图3-52 步骤九

图3-53 步骤十
完成图 stylefile marker马克笔+TOUCH马克笔、8开素描纸，2017年

图3-54 该作品去色后的黑白灰效果

总结：
一点透视虽然简单，规律明显，但我们所面对的场景通常透视规律并不明确，这时候千万不要靠测量去找精准的透视，在理解透视规律的基础上把握好大致走向就可以了。绘画不是制图，我们训练的还是感觉，是靠眼睛直观的判断来表现场景，当然这也需要大量的训练和经验的积累才能做好。（图3-54）

课后练习之十一：悉尼歌剧院——两点透视训练

照片分析：

　　该照片透视明确，为两点透视。虽然建筑上方属于异形状，但下方的两点透视关系明确（图3-55、图3-56）。

图3-55　照片场景与完成图

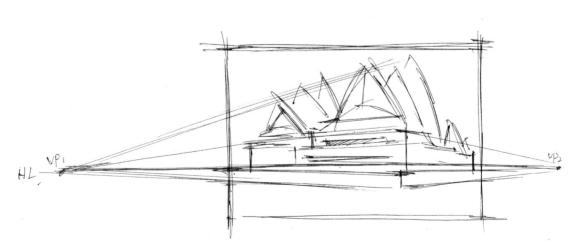

图3-56　透视示意图

　　照片画面色彩较明快，光影效果强烈，属于顺光效果。

　　建筑物的颜色偏灰，在刻画时要把握好明度对比，避免画面发"灰"。

绘画步骤如下：

步骤一：用铅笔定位好建筑的高度、宽度和大致的透视关系。（图3-57）

步骤二：在此基础上将建筑的具体轮廓刻画出来。（图3-58）

图3-57　步骤一

图3-58　步骤二

步骤三：用铅笔深入刻画细节。（图3-59）

步骤四：用勾线笔勾勒外形，用线要肯定。（图3-60）

图3-59　步骤三

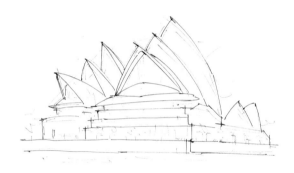

图3-60　步骤四

步骤五：继续用勾线笔刻画建筑的细节。（图3-61）

步骤六：给建筑铺底色。用淡肉色（TOUCH 25）刻画建筑的墙身，用深绿色和木色（TOUCH 43/91）刻画玻璃部分的颜色。（图3-62）

图3-61　步骤五

图3-62　步骤六

步骤七：用冷灰色（TOUCH　CG6）画出玻璃面的阴影。（图3-63）

步骤八：用暖灰色（TOUCH　WG1）画出建筑侧面的暗部，用暖灰色（TOUCH　WG3）画出阴影。用冷灰色（TOUCH　CG8）画出玻璃上最暗的部分。（图3-64）

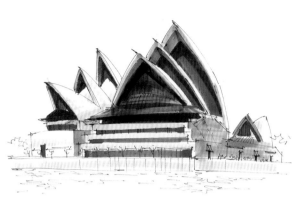

图3-63　步骤七

图3-64　步骤八

步骤九：用天蓝色（TOUCH　76）刻画天空，抓好建筑的外轮廓，使用较整的笔触表现；水面的部分用淡绿色和天蓝色（TOUCH　68/76）搭配使用，然后用黄绿色（TOUCH　42）表现玻璃和树的倒影。用深绿色（TOUCH　43）表现树木的色彩。最后用高光笔表现建筑物的高光部分。（图3-65）

图3-65　步骤九

完成图　TOUCH酒精马克笔、80克A4复印纸，2018年

黑白灰效果（图3-66）。

图3-66　附该作品去色后的黑白灰效果

总结：

两点透视的灭点通常会安排在画纸的边缘，但更多的时候会超出画纸。就像前文讲过的那样，我们要在了解透视规律的基础上感受透视，避免使用工程制图的那种测量方法来求解，通常这种方法会让人陷入一种固定的模式中，一旦你找不准，将十分打击自信心，画不好很郁闷，还是轻松地去感受内心所看到的世界吧。

第四章
巧妙的构图体现画面美感

课前答疑

1 老师，看你作品的构图和照片中的总是不太一样，画面比照片要感觉有艺术性，这里面有什么诀窍吗？

你不能被照片影响，照片中有很多内容是不重要的，这时候要有所筛选，不能全部照抄下来。你要知道谁是主角，谁是配角，然后主角怎么安排，配角如何才能不"抢戏"，这些都需要动脑思考。我在绘画之前都会画构图稿，甚至会画多幅构图稿，用来反复比较，确定一个最终的方案。这个思考过程，可以提高后面的作画效率。

2 老师，空间感怎样通过构图来体现呢？

用线要有虚实、疏密之分。形体之间要前后叠压，建立好空间黑、白、灰。以上这几点要通过构图来安排，如果场面太过松散，你则可以在画面中将它们聚集起来，形成以上那些对比。

3 我每次画完场景之后都感觉物体间的大小非常平均，这是怎么回事？

原因之一可能是抄照片的缘故，没有分析画面；另一个原因则是在画的时候没有主观进行改动。当面对一个场景时，你需要找出主体，分析出陪衬物，然后想好透视规律，将面前的物体进行任意拆分、组合，这一步，需要在构图小稿中进行。等满意自己的草图了，再把它们转化到正图中。

4 构图中的节奏是指什么？怎样避免死板？

节奏实际就是指起伏变化。就好比音符中的高低音转换，如同篮球过人中速度的快慢转换。只要做到不平均，就不会出现死板现象。还是之前说的，要多去分析，找出规律，多画小稿。

构图是指把众多视觉元素，在画面中有机地组合在一起，形成既对比又统一的视觉平衡。一幅画的成功与否，首先取决于画面的构图形式。那么学好构图，要有以下几个重要知识点支撑，下面我们一一对应讲解。

（一）找到主体，营造视觉中心

主体作为构成画面的主要因素之一，写生时在构图上要精心细致地安排。其一是要让主体物的面积占有一定的比例，位置相对居中，以突出形象。其二是要考虑近、中、远三者的设置。画面的视觉中心可以是近景，也可以是中景，但多数情况下不会是远景。三者之间相互依托，相互呼应，使空间层次分明。（图4-1）

图4-1　钢笔+马克笔，2017年
　　该作品是表现宏村南湖的一个场景，画面的视觉中心是这棵倒在草地上的古树干。

画面中的视觉中心通常只有一处，它可以由一个建筑物、建筑局部或多个物体有机地组合在一起。主体在画面中起主导作用，相比配景刻画要深入、完整，在画面中要安排合理。注意：主体物在画面中切勿安排在画面正中心位置，但也不要太过偏，而是置于画面中间附近。（图4-2）

图4-2　钢笔+马克笔，2017年
　　主体建筑在画面中以线面结合的方式表现，其余部分则用单线表示。着色时，建筑主体刻画较深入，其余部分简洁概括，形成对比，使画面视觉中心突出。

写生时，通过观察，首先要确定好主体，然后在画面做"有意"的构图安排。主体与陪衬部分的面积大小，或是高低错落，应有所区别，以免主体被消解，尤其不可以出现主体与陪衬一比一对等的现象，因为这样会让视觉中心错乱混淆。（图4-3~图4-6）

图4-3 案例原照片

按照原照片画的构图，我们会发现建筑体之间的面积有些雷同，直观上看，分不清谁主谁次。

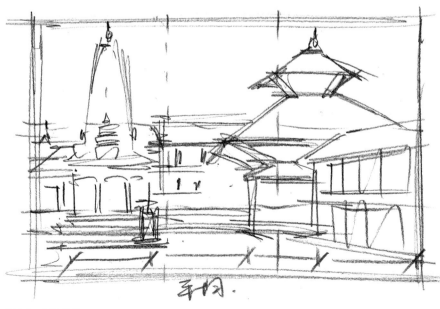

图4-4 构图分析

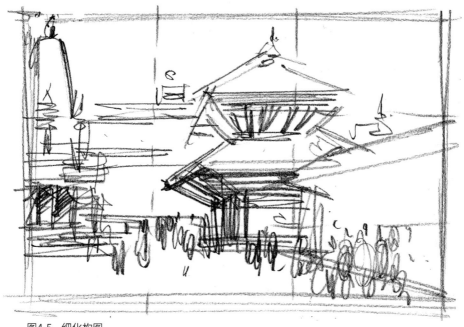

图4-5 细化构图

对照片内容重新构图：

1. 将两个较核心的建筑物进行取舍，在这里突出了右侧的建筑体，将其位置移动到画面中心的位置。将左边的建筑体移到画面边缘，这样主次就分明了许多。

2. 在画面中间部分增加很多人物，目的是利用人群走动的这个"动势"将视线引向画面中心，形成焦点。

3. 在画面右侧可增加些人物充当近景，这样增强近、中、远的空间感。

以上草图部分是我在闲暇时勾画的构图稿，还有一部分是创作中勾勒的构思草图。建议大家也要养成这样的习惯，将会提升你的构图能力。

图4-6 构图最终稿

利用对比的处理手法也可以营造画面的视觉中心，这些手法包括：色彩对比、虚实对比，明度对比等。

色彩对比：包含了色相、纯度之间的对比。在统一完整的色调中求变化，产生强烈的视觉效果，形成画面的视觉中心。（图4-7）

图4-7　钢笔+马克笔，2017年

这幅作品采用色彩纯度的对比手法，画面中的植物和灯笼既是互补色，又有较高的色彩纯度，与周围较灰的建筑形成强烈的对比，构成了画面的视觉中心。

虚实对比

虚实对比可以很强地拉开空间层次，突出画面主体，这是一种常用的表达手法。在画面处理时，不会对场景中的物体表现得面面俱到，只需要抓住想要表现的主体做重点刻画就可以，这样可以很好地形成主与次的强弱对比，营造视觉中心。（图4-8）

图4-8　钢笔+马克笔，2016年

该画面采用虚实对比的处理手法，将远景弱化处理，突出前景的建筑体，形成画面的视觉中心。

明度对比

明度对比是指色彩的明暗对比，也称黑白灰关系。加强画面的黑白灰对比，可以产生强烈的视觉冲击力，增强画面的空间感。一般情况下，主体的明度对比强烈，配景的明度对比较平和，以此产生"对比"，形成画面视觉中心。（图4-9）

图4-9 马克笔，2017年

该作品视觉中心是中景的黄色房子，在光线的照射下产生强烈的明度效果，为了突出视觉中心，其余的部分则刻画得相对暗些，与黄色房子形成明度对比。

（二）节奏、面积、平衡

节奏是指画面上、中、下、左、中、右六者之间的关系，同时还包括画面天际线。画面中各物体的安排应有大小、高矮、宽窄的变化，这就是所谓的节奏，同时还要有明显的黑、白、灰的合理分布。否则，画面则会显得单调、平淡无奇、不生动。

右边三幅示意图解释了节奏问题：

图4-10中的矩形从高低和疏密角度看都没有变化，因此画面没有节奏。

图4-11中的矩形有了高低变化，天际线的层次有了，画面节奏感加强。

图4-12中的矩形既有高低变化，又有疏密变化，画面节奏感更强。

图4-10 "无节奏"

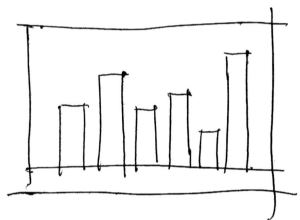

图4-11 "有节奏"

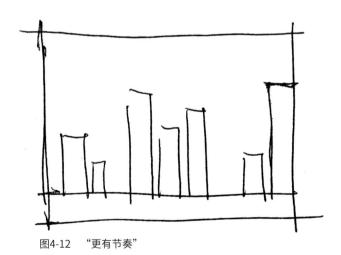

图4-12 "更有节奏"

表现建筑时，要注意建筑和陪衬物之间所构成的天际线变化，明显而清晰的节奏变化，会让画面显得韵律丰富；反之，则会显得单调平淡。

　　另外，节奏还可以体现在画面空间层次的丰富性上。画面中近景、中景、远景的合理安排，也可以使画面的节奏感加强，真实生动。（图4-13~图4-16）

图4-13　场景照片

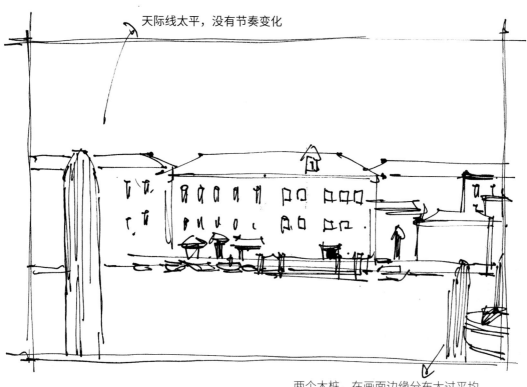

天际线太平，没有节奏变化

两个木桩，在画面边缘分布太过平均

图4-14　错误的构图示范

　　上图前景的木柱和远景的建筑屋顶高度一致，天际线没有变化，画面节奏弱。

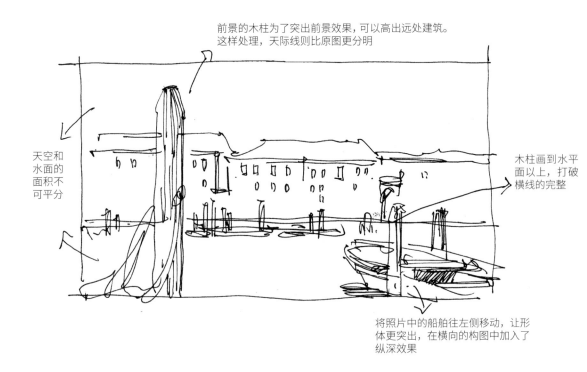

前景的木柱为了突出前景效果，可以高出远处建筑。
这样处理，天际线则比原图更分明

木柱画到水平
面以上，打破
横线的完整

天空和
水面的
面积不
可平分

将照片中的船舶往左侧移动，让形
体更突出，在横向的构图中加入了
纵深效果

图4-15 正确的构图示范

　　延伸木柱的高度使其高出远景的屋顶，右侧的木柱和船只向画面中间聚拢些，使其形态更加完整。

图4-16 完成图 马克笔，2018年

面积是指建筑物在画面上所占面积的大小，以及与周围空间的比例关系。太大画面会显得拥挤、局促，不易表现空间感和纵深感。太小画面则显得空旷、冷清，从而使大面积的环境描绘喧宾夺主。（图4-17~图4-20）

图4-17 场景照片

图4-18 错误的构图示范

画面主体面积太小，建筑物、树木、公路等物体的面积大致相同，分不清谁主谁次。

图4-19 错误的构图示范

　　画面主体面积过大，导致画面空白部分太小，画面显得拥挤，空间感不强。

图4-20 正确的构图示范

　　画面以建筑物为主体，占得面积最大，但并不挤满画面，树木面积略小，地面和天空面积适中。画面近、中、远的空间感明显。

平衡是指画面中各图形元素的组合能形成相对的稳定感和平衡性，它是一种视觉上的均衡关系，而不是绝对的对称关系。平衡关系在画面中既有统一性又有变化，这样绘制出来的画面才会富有动感，又很稳重。（图4-21~图4-23）

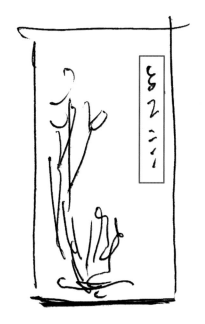
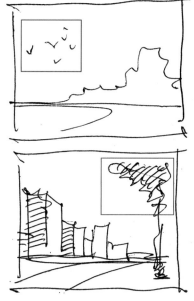

图4-21 平衡的示意图

图4-22 错误的示范图

建筑物的面积集中在画面左侧，右侧本身就显得分量不足，再加上天空选择留白，整幅画面左右不平衡，左重右轻。

图4-23 正确的示范图 钢笔+马克笔，2017年

画了天空之后，画面的平衡感得到了保障，虽然天空的线条处理的并不太多，但是分量却很足，保证了天空部分不空，画面从左到右得到了平衡。

（三）取舍

　　我们在写生时会常常遇到这种情况，场景中的物体没有重点；主体太过偏离中心；场景太空，缺少陪衬；场景物体太过杂乱，主次不分明等。这种情况下，需要通过"取舍"的处理手法来处理好画面的构图。绘画不是摄影，不能一味追求"真实"地再现场景，全盘收纳眼前所见。它要求绘画者耐心琢磨，总结归纳，对现实的景物进行整理。通过"取"的方式，将场景中缺少的部分内容从外部"借"过来，在画面中进行适当的安排，使其能够有利于画面的构图及表现。（图4-24、图4-25）

　　当然，也可通过"舍"的方式，是将有碍画面效果的对象和无碍大局的内容大胆舍弃，以突出主题。（图4-26~图4-30）

图4-24　场景照片

图4-25　完成图

　　原照片中没有船，但在画面中也不画船的话，就会缺少空间的纵深感。画面的建筑都是横向线，透视并不明显，还接近于立面，这本身就削弱了空间的远近效果。加上船并且让它产生透视效果之后，空间感加强，使画面更具完整性。

图4-26　场景照片

图4-27　构图示意图

　　在构图小稿时，将建筑物前面的树部分舍弃，使建筑物本身得到更充分的体现。

图4-28　完成图　马克笔，2018年

图4-29 场景照片

图4-30 钢笔+马克笔，2018年

　　在这幅作品中，舍弃了照片最右侧的近景建筑，同时降低了照片左侧的建筑物，这样一来，更加突出了中间的主体建筑，画面的主次关系更分明。

114

小草图

我有一个习惯，每次画景物之前都会画草图，我认为这是非常值得的。草图能做好出现画面问题的准备：提前解决，避免绘画时走入误区，以至浪费时间。

草图可以分为很多种，这要看用什么工具来表达或者表达的意向是什么。如果画钢笔，则可以用钢笔画黑白稿，体现场景的黑白关系；如果画色彩稿，则可以运用色彩（马克笔、水彩等）表现明度关系或者色彩关系。

画小稿的另一重要性就是辅助构图，建立好形体、节奏和各方面的关系，它可以立刻让你对你所画的场景熟悉起来。（图4-31~图4-35）

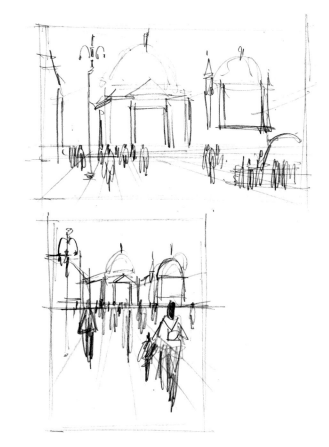

图4-31　人物分析草图

图4-32　构图草图

图4-33 "黑白灰"分析草图

图4-34 场景调整草图

宋台进游画构图.

春公望《富春山居图》.

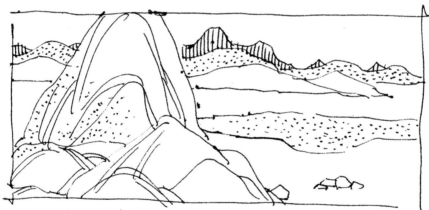

潘天寿《灵岩涧听泉图轴》.

塞尚夫《帆船与河》

图4-35　名作临摹草图

课后练习之十二：天津小白楼街景——主观改变摄影图的构图技巧

照片分析：

照片场景很大，但主体物不突出，不算很明确。

天空占的面积很大，物体过于集中在画面下方。

建筑物从左到右依次变高，形成单一斜线，画面左侧没有与右侧平衡的内容。

近景缺少大量内容，空间进深感弱。

（图4-36）

图4-36　照片场景与完成图

修改构图后的分析：

将路灯提到画面近景位置，与右侧高建筑形成呼应，画面平衡感有了。

将天空部分压缩，放大照片中的建筑物，让建筑物成为画面的"主角"。

照片中最高的建筑物，让它"伸出"画面，这样做的好处是让它显得更高，同时分割了天际线。

音乐厅是画面的主体，应放在视觉中心的位置，刻画时应稍微放大它的形体，并在细节上重点刻画。

在近景位置增加人物和车辆，拉开空间。 （图4-37）

图4-37　构图稿示范

绘画步骤如下：

步骤一：用铅笔定位大轮廓。（图4-38）

图4-38 步骤一

步骤二：用暖灰色（TOUCH WG2）刻画地面和建筑物的底色；黄绿色（TOUCH 42）刻画树木和绿篱，笔触要简洁概括。（图4-39）

图4-39 步骤二

步骤三：用暖灰色（TOUCH WG5）刻画建筑物的深色部分；把车辆的形态画出来，同时将远处的建筑物"虚画"体现。（图4-40）

图4-40 步骤三

步骤四：用冷灰色（TOUCH GG3）刻画高层建筑；近景的人物用冷灰色（TOUCH CG7）体现，同时用暖灰色（TOUCH WG7）刻画路灯和交通信号灯外形；远处的土红房子用木色（TOUCH 91）体现。（图4-41）

图4-41　步骤四

步骤五：深入细化画面，形成丰富的色彩变化和阴影效果，最后用淡绿色（TOUCH 68）刻画天空。（图4-42）

图4-42　步骤五　　　　完成图　TOUCH酒精马克笔、16开中粗纹水彩纸，2018年

图4-43　该作品去色后的黑白灰效果

总结：

我们参考照片绘画时，始终要注意摄影和绘画的表现结果是不同的，摄影有摄影的构图讲究，绘画有绘画自身的规则，因此当摄影构图在你的画面中形成"劣势"和"缺陷"时，你要大胆地进行修改和调整，让你的画面构图更加合理，更具有"画味儿"。（图4-43）

课后练习之十三：江南水乡——把控好画面节奏的构图训练

照片分析：

按照原照片进行区域划分的时候有以下几个特点：

褐色区域为居民区房子；蓝色是房子和桥的区域；上下留白分别代表天空和水面。

褐色区域所占面积略大，其边缘线划分在"井字格"中间，形成对半分的结果。

天空和水面的面积基本一样，应该再有些变化。（图4-44）

图4-44 照片场景与完成图

构图修改后的分析：

褐色区域避开了"井字格"中心，减少了些面积。

蓝色区域的面积增加，视觉中心更突出。

天空和水面的留白部分为了避免上下对称，在右侧桥上方加了树木，一是打破了对称，二是平衡了"左高右低"的天际线，让其有了明显的起伏变化。（图4-45，图4-46）

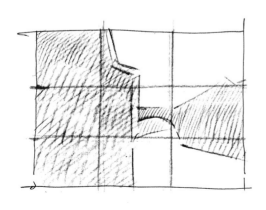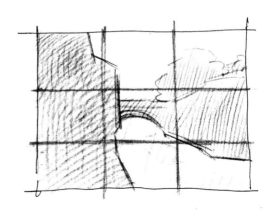

图4-45 构图修改

图4-46 最终的构图小稿

绘画步骤如下：

步骤一：用铅笔先勾出物体的轮廓。（图4-47）

图4-47 步骤一

步骤二：刻画各部分剪影的细节。（图4-48）

图4-48 步骤二

步骤三：用美工钢笔（英雄382）勾出物体的轮廓线。（图4-49）

图4-49　步骤三

步骤四：深入刻画居民区建筑部分，要注意突出主要结构，次要部分可以多加调子概括。（图4-50）

图4-50　步骤四

图4-51　步骤五

步骤五：画出右侧的建筑物、水面和树木。树木用斜排线刻画，暗部反复叠压。水面先用曲线勾出倒影的轮廓，在轮廓里用横线排列刻画倒影细节。（图4-51）

图4-52 步骤六

步骤六：用暖灰色（TOUCH WG5）刻画建筑物底色；用木色（TOUCH 91）刻画窗框和护栏；用暖灰色（TOUCH WG1）刻画石桥和地面。（图4-52）

图4-53 步骤七

步骤七：深入刻画居民区的色彩，先用淡肉色（TOUCH 25）刻画近处地面和墙面的色彩，然后用暖灰色（TOUCH WG2）刻画暗部，阴影部分用暖灰色（TOUCH WG4）刻画；右侧建筑物用以上相同的色号刻画。（图4-53）

图4-54 步骤八

步骤八：用浅绿色（TOUCH 48）、中绿色（TOUCH 47）、深绿色（TOUCH 43）分别画出树木和水面的色彩关系。（图4-54）

步骤九：用天蓝色（TOUCH 76）马克笔刻画天空和水面的中的天蓝色，用蓝灰色（TOUCH 62）刻画左边的衣服及布料颜色。（图4-55）

图4-55　步骤九

总结：
　　一幅画面中的构图平衡是相当重要的，如果失去平衡，画面就会"一边倒"，看着就不舒服。在画照片时，如果我们发现这种"一边倒"的现象，可以主观地加内容，让画面达到平衡，但是需要注意，增加的内容不可以喧宾夺主。（图4-56）

图4-56　该作品去色后的黑白灰效果

第五章
找比例，"适度"最重要

课前答疑

1 老师，我每次画照片时看到很多东西都不知道先从哪里入手，这个怎么解决？

你可以先从视平线入手，因为视平线是水平线，灭点也在上面，所有透视都是围绕视平线的高低展开，决定了仰视还是俯视。定好视平线，你就可以大概知道每个建筑物的高度是什么样。

另外你可以从某一个你看得清晰的建筑物入手，先把它定位好，然后其他建筑物以它为参照物逐渐展开描绘。

总之，只要你分析好物体之间的关系和位置，从哪里刻画都是可以的。

---

2 我面对场景物体时根本不知道它的高度是多少，这样怎么推算出准确的比例呢？

你根本不需要知道高度，我们绘画首先表达的是艺术感强的画面关系，至于数值精确，那是留给建筑师的，你只要在画面上安排好构图，物体之间的误差不要过大就可以了。至于比例，就按上一条问题说的，去找参照物，参照物是长方体的形态，你就绘成长方体；是正方体的形态，你就绘成正方体，这叫几何概念。至于多长多宽，那不是你该关心的。

---

3 参照物一般是找最前面的明显物体吗？在纸上表现参照物时，要画多大合适呢？

可以这么说，这是最好辨别的方法，当然你也可以根据自己的习惯来画。例如可以找人来当参照物，而找电线杆来当参照物也是没问题的。

至于画多大，要看它是不是你认为的主体，通常画面主体的面积会画得比较大，其他的要看你表达的内容多少而定。听我的，先画小草图，满意了再画正图。

图5-1 照片场景

为了画出准确的建筑画，采用的比例要尽量真实。注意，是要"尽量真实"，而不是要"绝对正确"，只要尽量符合真实就好。掌握好图像比例的关键在于衡量画面内各元素之间的关系。通常在画的时候我会想："这几个房子之间谁最高？高多少？和整个里面的高度相比，人的高度是它的几分之几？"

找一个基本参照物

当你面对一幅照片或在街上写生时，你可以将树木、遮阳伞、电线杆、公共雕塑等作为基本参照物。你也可以在图像中选择一个"不大不小"的物体充当参照物来帮助找到其他物体的合适比例，如一面矮墙或一个建筑物。

让我们来举例说明，请参照左图。（图5-1）

这是一幅街景局部的角度，以参照物找比例的方式我们可以这么表达：

先将画面分成天、地、物三部分。这样做可以明确每一部分的轮廓，帮助你找出对应的块面范围。（图5-2）

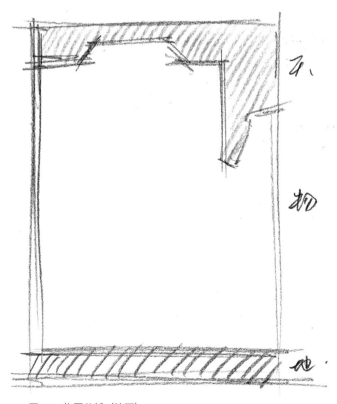

将天、地、物分开之后，"物"（建筑、遮阳伞等内容）的面积占画面主导。所以，再细分形体内容的时候，所有的比例都会在这个白色范围内进行比较，跟天和地的剪影就没有太大关系了。

图5-2 构图分析（块面）

仔细观察照片，在"物"的范围内找出树和遮阳伞的比例。先找出遮阳伞在白色区域里面的位置并划分出来，这时建筑物同样也会被划分出来。然后以建筑物为参照物，找出树的比例。（图5-3）

我们从这幅草图中得出的结论是：

树的高度略高出建筑，树高是因为透视原因，但实际高度并没有建筑物高。在照片中我们可以暂时忽略物体的真实高度，只看表面效果。那么树的宽度大概是建筑物宽度的1/2。

遮阳伞的高度在整体建筑物高度的1/3位置左右，我们将这些所掌握的数据先用线条划分出来，因此看到图中的面积就被分成了几个部分。

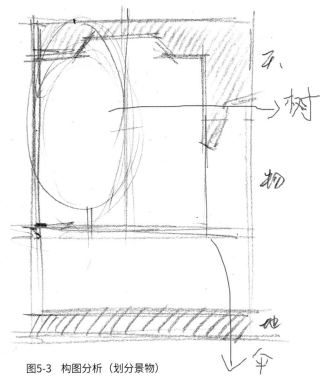

图5-3　构图分析（划分景物）

在找好的比例框架基础上开始刻画各部分的细节。（图5-4）

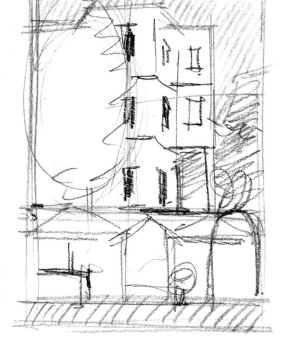

以上三步是按照参照物的方式找到比例，然后找到细节刻画的起形方法。这是一种整体观察和处理画面形体的绘画方法，它可以避免从局部推形，是初学者容易上手的方式。

图5-4　构图分析（刻画细节）

下面我们来分析两幅作品。

第一幅：上海淮海大楼。（图5-5）

图5-5　照片场景

对于这幅照片，我们先以某一个物体作为参照物，可以选择人物，还可以选择树木或路灯。以选择路灯为例，我们继续往下推敲。（图5-6）

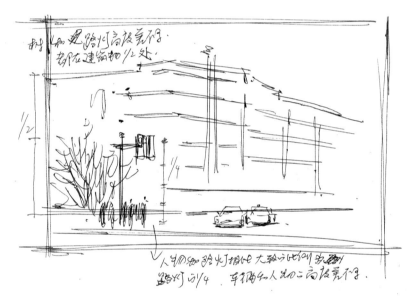

图5-6　画面比例分析图

以路灯为参照物，树木的高度和路灯差不多。

画面中的人物本没有那么多，为了增强画面空间的氛围，在画面中增加了些人物。人物的比例非常小，其高度大约为路灯的1/4左右。

车辆的高度与人物相同，可以以人物为参考画出车辆。

通过以路灯为参照，可以推敲出建筑物的高度大致是路灯的两倍左右。

按照以上草图我们进行了正图的绘制。（图5-7）

画面的比例不一定精确，重要的是，找比例，"适度"最重要。

图5-7　正图（钢笔+马克笔，2017年）

第二幅：天津博物馆。（图5-8~图5-10）

图5-8　照片场景

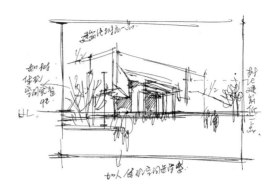

图5-9　画面比例分析图

原照片拍摄角度不是很好，在画面中应该调整画面构图和视角。

在改变构图和视角之后，画面丰富了很多，主体物和配景之间的关系变得明确。（图5-9）

1．在画面的左侧，加入了树木的刻画，一方面是为了衡量比例，另一方面是增加近景的内容，让画面空间感更完整。

2．画面中增加了近景人物，也是为了加强空间的进深感。

3．这幅我们可以用近景树来充当参照物（这也是加树木的目的，因为实景中的确有树木，只是照片没拍到）。画好树木后，可以发现建筑物的高度比树木高出不到1/2左右。因此可以确定下来建筑物的高度位置。

4．人物的头部在建筑物地面往上"一点点"的位置，这是由于视平线位置所致，对于建筑物就是一种仰视状态呈现。

5．右侧的树木视觉上比建筑物的高度低一些，精确数值无需强调，只需要找出大致比例即可。

6．远处建筑物的高度在博物馆建筑高度1/2左右。

按照以上草图进行正图的绘制。（图5-10）

图5-10　正图（钢笔+马克笔，2016年）

课后练习之十四：中央电视台建筑——"井字格"找比例起形法

起形方式：

设置个井字格（红线），然后注意我在红线上设置的几个红点，它代表了建筑物的边缘线与红线相交的部分，定位这个有利于我们画出来红线上边缘线的位置。然后我们再看粉色的点，粉色的点代表建筑物的转折处。（图5-11）

图5-11 照片场景与分析图

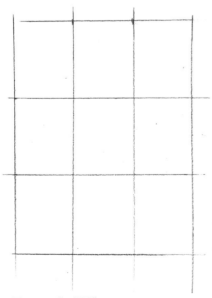

井字格也称"三分法"，上中下、左中右各分三份。每个格子的面积均等，在这种情况下，观察每一个格子里的图形是什么样子，然后依据"地图"式的分界线关系，画出物体之间的轮廓。（图5-12）

图5-12 "三分法"

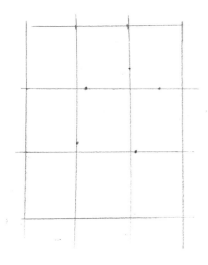

先找出和井字格上的线段相交的点，这几个点可以很好地计算出建筑的位置，这一步是以"井字格"为参考的精髓。（图5-13）

可以看出图中蓝色的点就是黑白照片中红色点的位置。

图5-13　"相交点"

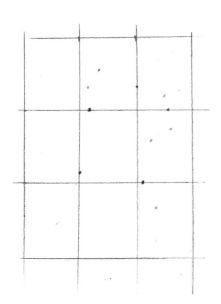

当在井字线上的蓝色点定好之后，再去找出其余点的定位，所谓这些"其余"的点，是指建筑结构的转折点。努力去推敲它们之间的距离，然后大胆地定位。哪怕有误差也无妨。（图5-14）

"点"是画好线的第一步，是对造型最好的衡量。因此我们要习惯性地定点—连线—塑形。

图5-14　"转折点"

图5-15中的绿色点就相当于黑白照片中粉色点的位置，它代表了建筑物的转折。

总结起来就是：把画面用"井"字格表示，我们不难发现，每一个格子里都有对应的图形，我们有时候会从平面思维的角度去看待三维空间，这是个非常巧妙地起形方式，也会相对简单。我们在每个格子里定位的点，也能帮助我们找好物体的比例关系和位置。

我们再来看树木等轮廓线比例的定位。

将定位好的点连接成线，就可以圈出建筑的轮廓来了

绿线部分是树的整体轮廓剪影

图5-15　对应图形

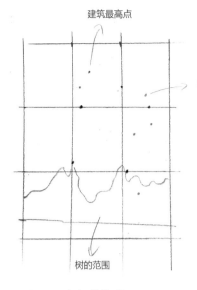

建筑最高点

结构转折点

图5-16画面中绿色线条的部分是树的剪影，根据它在井字格中的位置可以画出来左图的样子。

定好点之后别急于刻画细节，将树的范围定好，仔细观察树的最高点和最低点在井字格的什么部位。

大家可以看到，和照片的分布差不多。

树的范围

图5-16 确定"树"范围

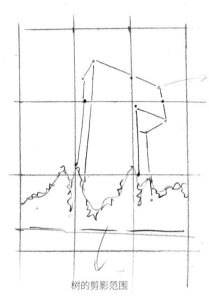

结构转折点

然后我们把建筑物位置画好的点用线条连接，就会出现图5-17所示的结果。

用线条将所画的各个点进行连接，建筑的形态就会生成。透视与比例做不到精确没有关系，因为我们本身就是用肉眼去看，徒手去画。记住：适度最重要。

效果很明显，这是连接那些点的结果，它构成了建筑物的外轮廓。

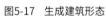

树的剪影范围

图5-17 生成建筑形态

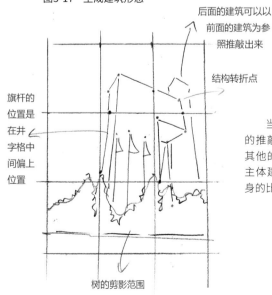

后面的建筑可以以前面的建筑为参照推敲出来

结构转折点

旗杆的位置是在井字格中间偏上位置

当主体建筑依照井字格的推敲方式画出形体之后，其他的陪衬部分则可以按照主体建筑的比例依次推出自身的比例关系。

有了这个主体，我们再继续往下画就简单了。

如图5-18所示，旗杆的位置在井字格中间，后面的建筑物以主体建筑的比例为参照刻画出来。

下面我们进行正图的刻画。

树的剪影范围

图5-18 推导陪衬部分

绘画步骤如下：

步骤一：按照井字格的方式起形。

图5-19　步骤一

步骤三：用暖灰色（TOUCH WG2/WG3/WG5）刻画建筑物的正面部分和暗部。

图5-21　步骤三

步骤二：用蓝灰色（stylefile marker 508）刻画建筑物和天空的底色，用冷灰色（TOUCH CG2）刻画建筑物的暗部。

图5-20　步骤二

步骤四：用浅一点的绿色（stylefile marker 668）画前景的草地，用深一点的绿色（stylefile marker 630/632）刻画树群的底色。

图5-22　步骤四

步骤五：用暖灰色（TOUCH WG7）刻画旗杆；用深一点的颜色（stylefile marker 360/508/816）刻画旗子的颜色。树的暗部用冷灰色（TOUCH CG7）和深绿色（stylefile marker 632）叠加刻画。远处的建筑物用烟灰色（stylefile marker NG3）刻画。

步骤六：深入画面。用暖灰色（TOUCH WG5）画出建筑物表面的纹理，用暖灰色（TOUCH WG2）刻画天空的乌云，用高光笔点缀树之间的空隙，其他的地方用以上步骤中的色彩进行调整。

图5-23　步骤五

对比照片与去色后的作品图，分析"黑白灰"关系。（图5-25）

图5-24　步骤六　　完成图　stylefile marker马克笔+TOUCH马克笔 16开中粗纹水彩纸，2018年

图5-25　该作品去色后的黑白灰效果

课后练习之十五：天津南京路街景——以建筑物为参照找比例的方法

照片分析：

图5-26为黄昏下的氛围，建筑物的细节比较含糊，轮廓感很强。

由于轮廓清晰，可以很明确地辨别出建筑物之间的高度比例。

画面左侧近处建筑物虽然不算最高，但由于透视近大远小的原则，在画面中它是最接近画面边缘的。中间的建筑虽然高于它，但是其位置较远，所以离画面边缘较远。右侧最远的那个高层实际上在实物中的比例最高，但是在画面中显得很矮。

马克笔：温莎·牛顿Promarker

图5-26 照片场景与完成图

右侧路灯的高度接近最远处高层的高度，这也不是用实际尺寸来衡量的，而是透视规律所影响。场景里的车辆在空间中显得很小。（图5-27、图5-28）

图5-27 建筑物在画面的高度示意图

图5-28 推敲比例的草图

绘画步骤如下：

步骤一：用铅笔勾勒场景轮廓。（图5-29）

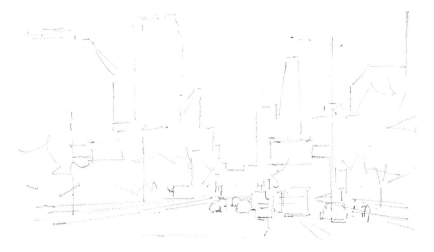

图5-29　步骤一

步骤二：用浅橙色（Y828）和淡黄色（O949）刻画天空、地面及建筑的底色。（图5-30）

图5-30　步骤二

步骤三：用暖灰（WG4、WG5）画出街道两旁树的颜色，以及车的暗色部分。用品蓝（V264）画出路牌的颜色。（图5-31）

图5-31　步骤三

步骤四：用暖灰（WG3）加深建筑物和地面的暗部色彩。同时用浅橙色（Y828）反复刻画黄色的环境效果。（图5-32）

图5-32　步骤四

步骤五：刻画视觉中心细节。用茶绿（G619）、暖灰（WG1）、冰灰（IG1）刻画汽车的颜色，然后再用淡黄（Y418）罩染一层，让其融入环境中。在树木的色彩中加入一些黄绿色，如沼泽绿（G136）、苔绿（Y334）等，以体现其固有色。树木的暗部可以用深蓝（B624）和暖灰（WG5）搭配加深。车灯和交通信号灯可以用高光笔实线提白后用黄色罩染。（图5-33）

完成图

图5-33　步骤五

总结：
　　建筑物的实际比例在照片之中会由于透视现象而变化，因此在绘制时要抓住照片中建筑物之间的高矮差，然后客观地描绘出来。（图5-34）

图5-34　该作品去色后的黑白灰效果

第六章

画面关系论成败

课前答疑

1 老师，我没有素描基础，需不需要先学习好素描再画钢笔马克笔画？

首先，这是多数人的误区。我承认素描是绘画的基础，但并不等于你需要先从素描学起。况且，你认为你要学多久才算彻底"毕业"了呢？所有的"大师"都是用一生的时间在学素描，每个阶段的创作都会伴随着素描稿的诞生。

其次，我们大家所认为的素描就是铅笔画。不是铅笔画的黑白画都不是素描，这是不正确的，实际上任何画种都有素描的概念。你用水彩来画黑白关系，这也是在画素描；你用马克笔画单色，它也是在画素描。也就是说，你现阶段学了什么画种，使用了什么工具，你就要有针对性地去学习。你完全可以使用马克笔来画素描学会处理好黑白灰的关系，这样，你既可以练习素描，培养素描意识，同样也能熟练掌握好马克笔。

2 钢笔画的"黑白关系"，与传统铅笔素描的黑白关系有什么不同？

钢笔画由于其工具原因，不能画出虚线条，因此不能像铅笔那样，自如地表达灰面效果，因此，钢笔画的灰面则会归类到亮面里，和暗面形成强烈的黑白关系。

铅笔大家都知道，可以画出来很多层次丰富的调子，尤其是灰面的过渡色，因此，铅笔的表达更为丰富，这是两者最大的区别。

3 体现虚实关系必须要加"调子"才可以吗？单独运用线条可不可以体现虚实？线条体现虚实时是不是要把线条画得有深有浅才可以？

加调子只是一种风格而已，它不是必需的。单独运用线条也可以体现虚实，钢笔的虚实并不是说深和浅，更多的是指主次关系，通常"虚"的地方比较次要，"实"的地方比较主要。

4 老师，一般在什么情况下需要留白？留白会不会感觉很空？

留白是钢笔画的技巧之一，也是画面关系取舍的重要环节，它体现在这个"舍"里面。一般陪衬物或者不太重要的部分可以留白，通过这个"白"来突出重点的那些丰富。只要你的画面对比做到位，就不会显得空。留白也不是什么都不画，它是重轮廓、轻细节。

5 老师，"概括"感觉好难啊，看你的画作很有概括性，我自己绘画的时候就不知道怎么画了。往往看到什么画什么，这个怎么解决？

"概括"是一个很复杂的技巧，初学者往往很头疼，但也不是没有方法去解决。首先要明白，你表达的对象哪里是重点，然后放大它，其他的部分则做简化，这就是"概括"。"看到什么画什么"是因为没有进行分析，没有找出最重要的元素是什么。我们举个例子，你画一棵树，树的叶子很茂盛，这时你是画树叶呢？还是画树形呢？如果每片树叶都画出来，"累个半死"，还不出效果。其实树叶根本不是重点，树形才是重点，因为树的特征都是体现在形态上，因此，这才是需要抓的重点。

6 "主观处理"是不是要凭借自己的想象去画？主观处理通常用在什么地方？我每次画都只会"抄"，现实中有什么画什么。

看到什么画什么是初学者的常见问题，这点也可以理解，因为大家最初的意识都是为了画得"像"。不过这样的愿望也是不可能实现的。原因是，根本没有你看到的最客观的绝对真实。看是一种态度，它从来就不是被动的，是戴上"有色眼镜"之后的视觉判断，你看到的也许不是别人看到的。所以每个人画出来的画才会是不同的。不过，怎样把它们在经过艺术处理后变得更主观，这就需要掌握好"黑白灰""取舍"等理论概念了。主观处理并不是天马行空，而是根据你所面对的客观景物进行再加工，"去粗取精"，形成崭新的面貌出现在自己面前。

黑白灰关系

黑白灰关系是指在画面中通常以黑、白、灰三个色调的对比来表现空间景物的层次。三者之间的对比和穿插运用得当，则可以表现出景物远近的空间距离，使画面产生透视纵深感。（图6-1、图6-2）

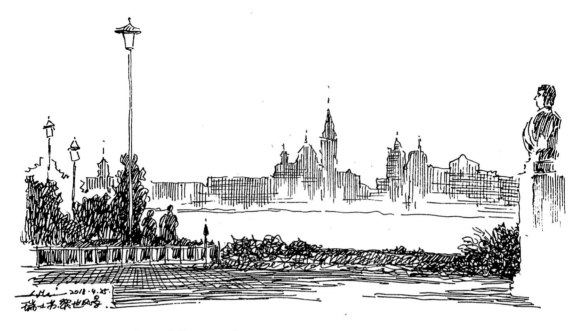

图6-1　钢笔画，2018年

这幅作品注重整体的黑白灰关系，前景（雕塑、路灯、地面及植物）为黑；中景（水面）为白；远景（建筑）为灰。黑白灰相互衬托，形成良好的空间感。

图6-2　钢笔画，2018年

这幅作品前景为白；中景为灰；远景为黑，远景处理成黑但不细致刻画，只是突出了重度。近处的建筑刻画出来细节，但舍去了明暗调子，与远景形成强烈的黑白对比。中景区域则作为过渡部分"连接"起远、近两处的层次，形成了完整的黑白灰关系。

钢笔画中的黑、白、灰与铅笔素描的黑、白、灰有所区别。素描中除了黑和白的层次之外，非常注重灰的过渡变化。只要灰面的过渡丰富，它的层次就会越丰富，形体就越厚重。而钢笔画由于工具自身的特性，加之以线条为主要载体来表达，对灰面的塑造就不那么明显了，主要还是突出黑与白的对比关系。（图6-3~图6-6）

图6-3　场景照片

图6-4　钢笔画，2016年

黑白对比明显，画面中很多灰面的调子被省略，视觉冲击力强烈。

图6-5 场景照片

图6-6 钢笔画、2018年

这幅场景的主体是白色的建筑，为了加强黑白对比，直接将建筑上的大部分窗户舍弃，形成一个白色的块面。再利用周围的内容将白色建筑"包围"起来，形成强烈的视觉冲击力。

当我们面对一幅照片时，可先将画面的整体明暗关系进行分布，如建筑物、配景、天空和地面等之间的明度关系。有了整体黑白灰的分布，画面就会有了骨架支撑。（图6-7~图6-10）

"在分布的过程中有时候也是出于主观选择的"。

图6-7 场景照片

图6-8 黑白灰分布之一

树：黑

建筑：白

天空：灰

建筑大量留白，用天空的灰调子挤出建筑，前景的树最重。

图6-9 黑白灰分布之二

树：黑

建筑：灰

天空：白

由于建筑层次较多，形成灰度色调，因此天空留白以避免冲突，树依然定位黑调子，黑白灰关系分明。

图6-10 黑白灰分布之三

树：白

建筑：黑

天空：灰

建筑本身是白色，所以表现它的"黑"并不能画很多调子，只要层次丰富就可以。树留白，只勾其轮廓，和建筑形成黑白对比。天空加入少量线条表达云朵，形成灰调。

黑白灰的关系同样也
会体现在上色的过程中。
如果缺少黑白灰的支撑，
画面色彩即便再好看，作
品最终也是失败的。因为
黑白灰的层次是支撑画面
明度层次的重要组成部
分，是画面产生强烈空间
视觉效果的基础和骨架。
（图6-11~图6-17）

图6-11 场景照片

图6-12 "黑白灰"分析

合理分布黑白灰可以形成强
烈的空间感和层次感。

图6-13 完成图

图6-14　马克笔，2017年

图6-15　去色后的黑白稿

图6-16　马克笔，2018年

图6-17　去色后的黑白稿

　　黑白灰的合理分布，加上物体的虚实处理，则可加强空间的质感，脱离"照抄"照片的"面面俱到"，使画面更具艺术性。

如何概括

在写生中，对景物要有主次意识，要特别注意归纳对象的关系，简化层次，突出主题，因此学习概括就成为重要的技术环节，只有善于从纷乱繁杂的事物中，抓住能够反映本质的要素，适当地进行归纳和提炼，才能够表现出对象的基本特征。（图6-18~图6-21）

图6-18　场景照片

图6-19　钢笔+马克笔，2018年

用简洁干练的线条画出建筑的整体轮廓，外加颜色的巧妙点缀，可以概括地表现出建筑空间。

图6-20　场景照片

图6-21　马克笔，2017年

复杂琐碎的块面可以概括为整体块面，在刻画的时候把握住大的体块走向，舍弃那些不必要的内容。

图6-22　场景照片

绘画不同于照相。面对景物，不能仅仅停留在精确、如实地描绘对象上，而是要运用概括、取舍、对比等艺术处理手法，使画面具有较强的艺术感染力。概括的目的是提炼所画对象的形态特征，使画面和谐统一，具有整体感。（图6-22、图6-23）

图6-23　钢笔+马克笔，2018年

这幅作品将远景较复杂的建筑群简化了许多，抓住了建筑群的整体轮廓，用点来表现错综复杂的窗户，有了这些窗户，就会突显出房子的丰富性。最后再利用色彩的明暗对比，让空间推得很远。

例如我们表达一组景物，实际上应该"大处着眼"，抓住其"形"（轮廓）和"体"（主要的体块），适当地表现其细部主要的特征就可以了。（图6-24~图6-27）

图6-25 简化形态

将复杂的形态概括成几何形体是简化形体的有效方法。

图6-24 场景照片

图6-26 表现形态

在每一块几何形体的基础上表现植物、山石的具体形态。

图6-27 钢笔+马克笔，2018年

取舍技巧

　　"取舍"有两种概念。其一是我们之前讲构图时所提到，对照片中的景物做大胆取舍，使其主题突出。另一种就是从表现手法上，对画面细节或明暗做取舍处理。那么在这部分，我们主要讲后者。

　　在钢笔绘制时，一般都是用线条表现建筑物的形体和结构线。可是单单用线条来表现一整幅作品，难免会显得单调和平面化。为了使画面更生动，使光感和立体感较强，可以在所表达重点对象的部分加以明暗处理，使其更突出，这一点我们可以理解成画面中的"取"。那相对的，次要部分则要处理成"舍"，也就是概括和简化。（图6-28~图6-31）

图6-28场景照片

图6-28　场景照片

图6-29　钢笔画，2016年

　　这幅作品重点刻画了视觉中心的部位，建筑两侧的内容"舍"去了较多的细节，形成了主次分明的画面效果。

图6-30　场景照片

图6-31　钢笔画，2017年

　　原照片中房子的墙砖很有质感，也很突出，但是在画面中为了强化与植物的对比，故此舍弃了这些墙砖的刻画，让画面的黑白对比更强烈。但是如果都不表现就不会知道房子的表面质感是什么，因此我选择较远且和植物没有前后遮挡的那部分来刻画墙砖的形态。

在色彩的表现中，可根据线稿的取舍结果做对应的上色。如建筑主体或者主要部分的线稿刻画较深入，配景和次要部分舍去了大量细节时，那么颜色也要重点刻画线稿较深入的内容，弱化线稿简化的部分。（图6-32~图6-34）

图6-32 场景照片

图6-33 钢笔画，2016年

图6-34 马克笔上色图，2016年

线稿点到为止的部分，颜色也不宜画得过多，不然底稿的取舍关系则会被破坏。

虚实对比

"虚实"是处理空间主次和远近关系的最好方法。画面的虚实对比可以由物体刻画深入程度形成不同的对比，也可以由光影浓淡、明暗深浅等手法去获取对比的艺术效果。（图6-35）

图6-35　作者：陈立飞（钢笔+马克笔，2017年）

作品中"实"的部分被重点刻画，线稿和颜色都比较深入。"虚"的部分则只保留底稿，这样画面虚实的层次关系则非常明显。

在画面处理时，可以将前景部分的建筑物进行深入刻画，予以强调，而将次要部分、配景或者远景内容进行概括和虚化，从而突出了主题，分清了空间层次。（图6-36、图6-37）

图6-36　作品示例（一）

这幅作品是我在2015年所绘，当时的我还不太会处理画面的虚实关系，只是觉得表现具体就会让空间显得真实，其实这是一个错误的想法，同时这也是一种"效果图"思维。面面俱到不一定好，要有取舍、虚实变化等艺术处理，才会让画面更有感染力。

图6-37　作品示例（二）

这幅作品是我在2016年所绘，在掌握了画面关系等理论之后，作品也更具有艺术性了，当时已经明白画面需要有主次、取舍、虚实等概念。在这幅作品中，我把前景刻画得很深入，将远处的建筑虚化处理，你会发现，空间感增强了，画面主角更加突出。

当处理画面主体建筑物或者主要部分的时候，可以让其明暗对比强烈，让配景和次要部分的明暗对比弱化，这样可产生强和弱的视觉反差，形成虚实对比。（图6-38）

图6-38 明暗对比强烈

从色彩的角度讲，主体建筑或主要部分的色彩对比强烈，颜色浓淡变化明显，配景和次要部分色彩对比较弱，颜色以灰为主，两者之间形成对比，形成强烈的视觉焦点。（图6-39）

图6-39 色彩对比强烈

疏密对比

　　"疏"和"密"是相对的，在画面中应做到相互衬托，大面积的"密"中渗透着"疏"，大块面的"疏"中穿插着"密"，这样才使景物层次分明，形象突出。（图6-40~图6-43）

图6-40　疏密对比（一）

　　上图中人物形成"密"的部分，建筑的墙体则是"疏"的部分，疏密对比明显。

图6-41　疏密对比（二）

图6-42　疏密对比（三）

图6-43　疏密对比（四）

　　线条需要合理的经营，才能使画面**"疏者不厌其疏，密者不厌其密；疏而不觉其简，密而空灵透气"。**

课后练习之十六：东棉花胡同——画面黑、白、灰关系的训练

图6-44 场景照片

1. 图6-44中黑的部分包括：大门内过道中的房子、大门外房的暗部、小猫、过道里的中式花格。

2. 灰的部分由暗到明依次排列为：过道地面、红色大门、树木、屋顶上的植物、门外的砖墙、远处的房子。

3. 白的部分包括：院子地面的受光部分、大门的石墩。

4. 从色彩的角度讲，整幅画面色调偏灰，没有太过跳跃的颜色。红色虽然占主导，但因为其表面显得破旧，因此着色时不可以画得太艳，要将其融入灰调子里。

这幅作品使用的马克笔品牌较多，在此事先罗列出来主要的色号：

纸张：康颂8K水彩纸背面；

马克笔：温莎·牛顿Promarker（颜色）R365、R576、R156、R547、R646、R937、R215、O928、O528、O228、O148、O949、Y724、Y919、Y417、V715、C719；

TOUCH（灰色系）：

暖灰系列：WG1、WG2、WG3、WG4、WG5；

冷灰系列：CG2、CG4、CG6、CG9；

其他：樱花高光笔。

照片黑白灰关系的分析（图6-45）

图6-45 黑白灰分析

绘画步骤如下：

步骤一：选择2H铅笔，力求把形体的轮廓交代清楚。这一步虽是草图，但起着至关重要的作用，空间的透视、进深、造型都会在此体现出来。因此大家在画的时候，一定要谨慎。不过谨慎归谨慎，线条还是要"放松对待"的。（图6-46）

图6-46 步骤一

步骤二：用暖灰色（TOUCH　WG2）画出砖墙的固有色，注意笔触排列要整齐，不要画凌乱。用红色（R365、R576、R156、R547）交替绘制大门的红色部分。中间的部分选用灰色（O528）绘制，注意留出门框信条的白色和邮箱的位置。（图6-47）

图6-47　步骤二

步骤三：杂草的颜色选择黄灰色和绿色（Y417、Y724）；院内的树木利用中绿色（TOUCH　47）摆出笔块；园内靠右边的深色房子选用冷灰色（TOUCH CG6）铺底色，同时夹杂紫灰色（V715）画出环境色；远处选用暖灰色（TOUCH　WG1/WG2）绘制；门口的地面暗部采用暖灰色（TOUCH　WG3）和冷灰色（TOUCH CG6）交替排笔。（图6-48）

图6-48　步骤三

注意：

砖墙的笔触尽可能要明显些，这样可以直接巧妙地体现出砖缝。我经常会使用快没水的马克笔来绘制它们，但如果你的马克笔墨水很足的话也没关系，大胆去画，最后用细线勾勒出来也可以。

我习惯强调笔触，因为它是马克笔的标志。在运笔时需要注意方向感，如果有透视的话，笔触要尽量和透视结合起来，这样更能凸显透视的明显。

照片中的大门红色纯度很低，而我开始画的纯度比较高，那是因为马克笔的配色比较特殊（所以我们不要被吓到），先大胆画纯色，达到你想要的色相，后面我们会通过颜色叠加来慢慢找到合适的色彩。

步骤四：从门口的顶部开始，要深入刻画细节，每一个梁结构的素描关系要体现出来，暗部位置选择深灰色（R646、R365、WG5）交替叠加开始加深；砖墙的部分开始运用冷灰色（TOUCH　CG2/CG4）和暖灰色（TOUCH WG2/WG3）逐步刻画细节，让质感更加突出。院内的景物也要随之深入，用较深的灰色概括出墙体、窗户等的颜色。（图6-49）

图6-49　步骤四

看到这一步大家还会认为红色太纯吗？答案是："NO！"因为我使用暖灰色（TOUCH WG5）和棕红色（R646）交替叠加。

图6-50 步骤五

步骤五：用红色系（R937、O148等）和暖灰色（TOUCH WG2等）交替刻画大门的表皮，采用尖头来做点笔触，颜色既要显得陈旧又要不失纯度，同时配合樱花高光笔来点缀白色磨光的部分，画出质感。杂草部分用暖灰色（TOUCH WG3）刻画。（图6-50）

步骤六：细节部分处理完毕之后，我要回到画面整体再去观察哪里画得还不够理想，我经常会在这一步的时候把画放远去看。记住，一定要放远，要立起来看，否则你会觉得很难看出问题。在这里我觉得砖墙的质感需要再加强因此用灰色（TOUCH WG3/CG4等）交替刻画，有些地方需要刻画下砖缝，显得更厚重些。大门的颜色纯度需要降低些，用灰色继续加深。院内的明暗反差需要再拉大关系，所以我又调整了对比度。总之，细节刻画到位，又不失整体感，是绘画的基本守则，希望大家也能遵循这些规律。（图6-51）

暗部，用黄灰色（O928）画中间色。

总结：

画色彩的前提是先明确好素描关系，这幅作品虽然场景不大，但是画面的层次非常清晰明了。我在绘制过程中也很谨慎地处理物体之间的黑白灰关系，要想视觉效果突出，黑白灰的反差要明显，所以大家看到我在处理院内的明暗对比时是非常明显的。（图6-52）

做陈旧质感时我通常是利用浅色叠压深色。我们在绘制中就会发现，深色叠压浅色是正常的铺色方式，笔痕也会非常明确，但是反过来就不同了，浅色叠压深色并且"反复揉"可以让酒精挥发，并且在那一部分使深色溶解开，这正是马克笔做旧的方法，可以模拟出一种肌理效果。

图6-51 步骤六

图6-52 该作品去色后的黑白灰效果

课后练习之十七：徽州古村建筑——画面细节的处理

图6-53 照片场景

照片分析：

图6-53中的视角稍微有点变形，建筑物的主次不是很分明。

近处的墙体显得过多，画面也显得很空。

徽州建筑的特点是巷子很窄，这幅照片使用横幅构图拍摄出来则少了这个特点。

建筑物墙体的质感很突出，这也是徽派建筑的特点，在刻画时我们要重点体现这部分细节。

马克笔：温莎·牛顿色素马克笔

绘图步骤如下：

步骤一：将照片中的"横构图"改成"竖构图"，在体现建筑物深度的同时，更要体现其高度和间距狭窄的特点。用铅笔勾画出建筑形态。（图6-54）

步骤二：用暖灰色（132、133等）刻画墙面的底色，注意照片中白色墙身的部分留白，注意同时刻画是从灰色部分开始。用亚麻色（122）表现木门的颜色。（图6-55）

图6-54 步骤一

图6-55 步骤二

步骤三：用碳粉灰色（135、136等）刻画建筑马头墙部分；用中灰色（152、153等）表现墙面较深的斑驳部分。用浅玫红（022）刻画墙面上的对联色彩。（图6-56）

步骤四：用灰色（135、151、148等）加深画面的暗部色彩。墙面的灰色斑驳则继续用冷灰色（159、158等）刻画，笔触要注意粗细变化，横竖交错。用浅橄榄绿（085）刻画植物的色彩。（图6-57）

图6-56 步骤三

图6-57 步骤四

步骤五：用以上使用过的暖灰色刻画左侧墙面、地面及台阶的基本色彩。（图6-58）

步骤六：用以上使用过的碳粉灰和冷灰色深入刻画远处建筑物的墙体部分，笔触以短排笔和点笔触为主。笔触的随意点缀体现出墙面上不规则的黑色斑驳，但在点缀过程中注意还是要以整体为主，不能点得太碎。（图6-59）

　　图6-58 步骤五

图6-59 步骤六

步骤七：将地面用暖灰色画整。近处墙面使用冷灰色和暖灰色结合，注意都是以小笔触刻画墙面细节，达到完整效果。（图6-60）

图6-60 步骤七

总结：

马克笔的特点是笔触可以画出丰富的块面效果，在体现结构转折部位有其自身的优势，块面感强且非常硬朗。这种方式同样也能体现在质感的表达上。如这幅作品墙面的黑白变化和斑驳变化非常明显，特别适合用马克笔来展示细节，所以在刻画时要充分发挥笔触优势，大胆塑造，将笔触的整与碎、粗与细的层次关系发挥出来则可达到深入效果。（图6-61）

图6-61 该作品去色后的黑白灰效果

课后练习之十八：圣瓦西里教堂——画面虚实关系处理之一

照片分析：

建筑主体偏离画面中间位置，向左靠拢右侧部分空旷，但空间感较大。

主体建筑物突出，画面主次分明。

画面色彩以红色为主，色调较统一。

人物较密集，在处理时要注意疏密变化。

（图6-62）

图6-62　照片场景及完成图

画面虚实效果的推敲分析

如果按照照片去"抄袭"的话，就会发现，若树木和远处建筑物都刻画到位，主体建筑物也刻画到位的话，两者画得面面俱到则层次感不强，拉不开空间。（图6-63）

经过推敲后，将前景树和远处建筑虚化，省去细节，只强调教堂部分，画面主次立刻变得分明、层次感强，空间因此拉开。

依照上面的草图我们进行正稿的绘制。（图6-64）

层次不明显
面面俱到

图6-63　草图一

画面虚实，疏密得当
层次感强，主体突出

图6-64　草图二

绘画步骤如下：

步骤一：用铅笔勾勒建筑物及环境的轮廓。（图6-65）

图6-65 步骤一

步骤二：细化建筑细节，以便后面绘图笔勾勒。（图6-66）

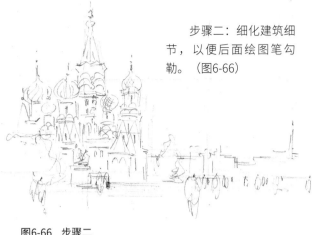

图6-66 步骤二

步骤三：用绘图笔勾出建筑物、树木和路灯的轮廓。（图6-67）

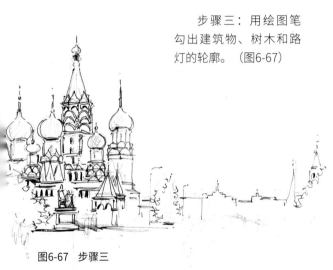

图6-67 步骤三

步骤四：刻画前景中人物的形态。（图6-68）

图6-68 步骤四

步骤五：细化建筑物，让其在画面中脱颖而出。其余的配景则保留开始起形的状态，这样画面的虚实就会很明确。（图6-69）

图6-69 步骤五

步骤六：用淡肉色（TOUCH 25/36）刻画天空及地面的色彩。（图6-70）

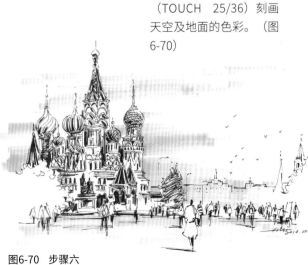

图6-70 步骤六

步骤七：用土黄色和淡肉色（TOUCH 97/25）配合刻画教堂建筑的主要色彩，用深绿色（TOUCH 43）刻画建筑顶部和树木；用亮一点的黄色（TOUCH 35/31）刻画建筑顶部的黄色部分。（图6-71）

图6-71 步骤七

步骤八：深入刻画教堂的结构，用木色（TOUCH 91/93等）加深建筑的暗部，用较浅的绿色刻画前景树，用蓝色（TOUCH 144）刻画天空的颜色。（图6-72）

图6-72 步骤八

步骤九：最后用浅棕色（TOUCH 115）点缀天空的云彩，用暖灰色（TOUCH WG2）刻画地面的深色部分，人物选择蓝色、红色、橙色等亮色进行点缀。（图6-73）

完成图

图6-73 步骤九

总结：

　　"虚实"关系是画面关系中重要组成部分之一，它可以让主体显得更突出。但需要注意的是，次要部分的巧妙处理，如果画的时候拖泥带水，则会越画越深入，导致和主体物很难分开，虚实关系就会弱。一般我们在铺底色的时候要做到胸有成竹，将次要的部分尽量"一气呵成"处理到位，然后再去深入刻画主体部分就可以了。（图6-74）

图6-74 该作品去色后的黑白灰效果

课后练习之十九：加德满都城鸟瞰——画面虚实关系处理之二

照片分析：

该场景空间很大，前景细节突出，远景密集紧凑，具有很强的视觉冲击力。

画面近、中、远景过渡自然，层次分明，整体感强。

刻画时应抓住前景的几块主要建筑特征进行重点刻画，将远景部分虚化。

中间道路的部分突出，是拉开空间透视的主要成分，因此画面要刻画得清晰明确。

鸟瞰图中人物比例会显得非常小。（图6-75）

图6-75 照片场景及完成图

绘画步骤如下：

步骤一：从中景最突出的建筑部位开始刻画，注重轮廓。（图6-76）

图6-76 步骤一

步骤二：依照照片的位置进行推画，绘制过程中注意线条的疏密关系。（图6-77）

步骤三：继续向右推画，注意建筑之间的疏密变化。（图6-78）

图6-77　步骤二

图6-78　步骤三

步骤四~步骤五：将右侧中景和近景建筑群刻画出来，这部分的内容以线条为主，只有窗户和屋顶及部分植物线条比较密集，大部分的墙面暂时先留白。（图6-79、图6-80）

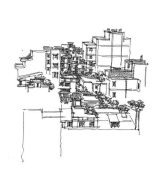

图6-79　步骤四

图6-80　步骤五

步骤六~步骤七：将右侧靠近街道那面的建筑物表现出来，建筑边缘线的完成也使街道的边缘线呈现出来，然后在空白处加上人物来体现街道的氛围，要注意人物的比例关系。画好之后开始塑造左侧建筑物中景和前景部分。（图6-81、图6-82）

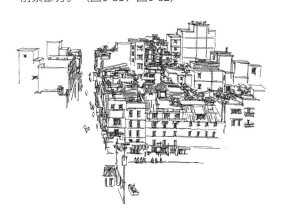

图6-81　步骤六

图6-82　步骤七

步骤八：将画面左侧建筑物屋顶的内容深入表现，整体来说还是采取大面积留白处理，街道两旁的建筑立面用丰富的线条体现。（图6-83）

图6-83 步骤八

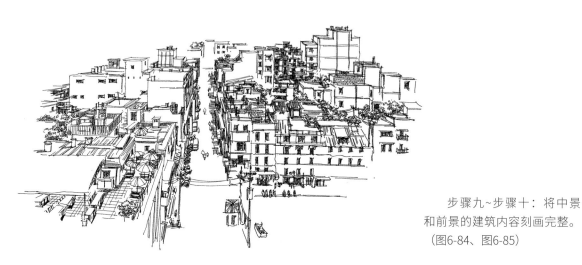

步骤九~步骤十：将中景和前景的建筑内容刻画完整。（图6-84、图6-85）

图6-84 步骤九

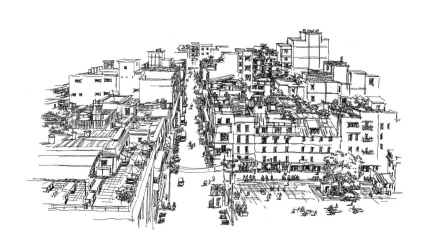

图6-85 步骤十

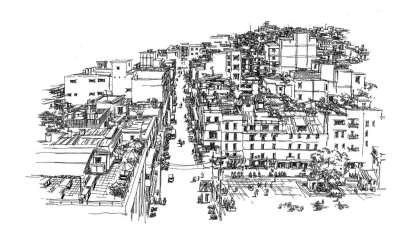

图6-86　步骤十一

步骤十一~步骤十三：刻画远景的建筑群。远景部分在照片中是成群的建筑效果，并且显得"很虚"。在画面中我们的前景属于较实并且采用留白较多的处理。为了让远景与近景形成丰富的黑白和疏密对比，我们需要处理成留白很少且较为密集的画面效果。（图6-86~图6-88）

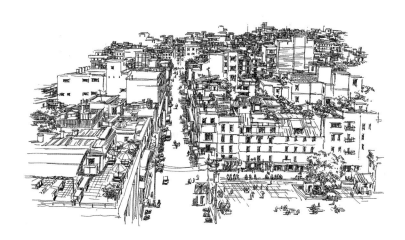

图6-87　步骤十二

图6-88　步骤十三

步骤十四：可以看到远景的部分已经和近景拉开明显的黑白关系，但是还是显得不够深入。一方面是天际线的起伏不是很明确，另一方面有些建筑物没有被衬托出来，所以我们需要继续"加黑"远景建筑群。（图6-89）

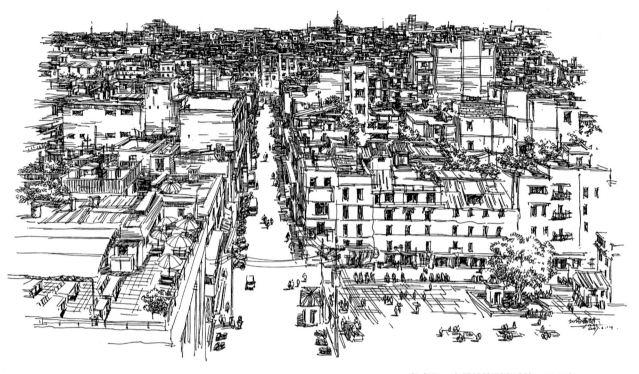

图6-89　步骤十四

完成图　白雪针管型走珠笔，2017年

总结：

这幅作品画得非常深入，为了避免钢笔所营造的虚实关系混乱，故此舍弃了后期上色。实际上黑白画的虚实关系更难把握，因为黑白只有两个层次，颜色可以有丰富的色彩变化和黑白灰的对比，尤其是灰的过渡变化。那么黑白如何表现黑白变化及虚实则成为这幅作品需要解决的问题。

这幅作品在虚实层次的处理上是"近实远虚""近亮远暗"。但是在过渡的过程中也需要节奏的把握，如果近景和远景对比强烈而少了过渡的话则会显得脱节，因此中景部分的过渡则显得尤为重要了。在这幅作品中，近景亮，内容细节较多，远景可以画得很密很黑，就是为了让空间拉开，加大与近景的对比，那么中景则需要"协调好"近景和远景的层次，让空间的虚实变化更加明显和过渡自然。